松下和夫

気候危機とコロナ禍

緑の復興から脱炭素社会へ
——21世紀の新環境政策論

文化科学高等研究院出版局

知の新書
003

目次

【初出一覧】

「ネットゼロへの世界の潮流と日本の課題：「緑の復興」（グリーンリカバリー）から脱炭素社会へ」（季刊「現代の理論」デジタル（2020 年秋号、第 24 号））

「気候危機：日本は何をすべきか？」（『国際問題』No. 692（2020 年 6 月）pp42- 54）

「21 世紀の新環境政策論　」（『グローバルネット』No.293 (2015 年 4 月）より No.350 (2020 年 1 月）まで）

「持続性と幸福の指標―ブータンの GNH を事例として」、（『環境研究』2013 No.169 pp69-75）

「環境を巡る旅と随想　」（『グリーンパワー』2015 年 9 月号より 2020 年 12 月号まで）

「気候危機と SDGs に若者がとりくむことへの期待」（『公共研究』第 16 巻第 1 号（2020 年 3 月））

第1部　「緑の復興」（グリーンリカバリー）から脱炭素社会へ

コロナ禍からネットゼロの世界へ：緑の復興から脱炭素社会へ

1　コロナ禍からの教訓とグリーンリカバリー（緑の復興）

依然として世界を席巻している新型コロナウイルスは多くの人命と健康を奪い続け、経済にも世界大恐慌以来ともいわれるほどの深刻な打撃を与えている。感染者は世界で九一〇〇万人を超え、死者は一九六万人に達し、未だ収束の兆しは見られない（二〇二一年一月一四日現在）。

そもそも私たちの健康と安全な生活は健全な地球環境があってはじめて成り立っている。ところが、その地球環境は「気候危機」や森林減少によって破壊され、生態系崩壊の趨勢は経済活動のグローバル化により加速している。未知のウイルスの発生やまん延など、感染症リスクの高まりの背景には生態系の破壊と人と自然のかかわり方の変化がある。

国連環境計画（UNEP）は、「四か月ごとに新しい感染症が発生し、そのうち75％が動物由来である。動物から人へ伝播する感染症は森林破壊、集約農業、違法動物取引、気候変動などに起因する。これらの要因が解決されなければ、新たな感染症は引き続き発生し続ける」と報告している注(1)。

新型コロナウイルス禍（コロナ禍）は、自然喪失の危機が人間生存の危機につながり、こうした危機に対して社会と政府が適切に対応する準備ができていなかったことを露呈した。そしてそれらの危機が社会の不平等と格差によって増幅されているのである。感染症の影響を最も受けるのは、社会的弱者や貧困に苦しんでいる人々である。

コロナ禍に伴う危機（コロナ危機）は、科学の知見に基づき正確にリスクを把握し、それに備えることの重要性を示した。ところが新型コロナウイルスそのものについては、まだまだ科学的に未知なことも多い。

このような状況の下で、現在急を要するのは、①国民の生命と健康を維持するための感染症対策、②それに伴う経済社会活動の混乱の抑制と再生、③国民経済の中長期の安定的な維持、である。

他方、気候変動に関する政府間パネル（IPCC）に代表される気候科学が伝えるところによれば、気候変動がもたらす被害は、コロナ危機の被害よりはるかに甚大かつ長期に及ぶ注(2)。新型コロナウイルス感染症と気候変動問題はいずれも人類の生存に関わり、国際社会が協調して取り組むべき極めて重要な問題である。そして長期的視点からパンデミックが起こりにくく、気候変動の危機を回避できるような経済や社会、すなわち脱炭素でレジリアントな社会（自然災害などに対して回復力や抵抗力のある社会）への早期移行が必要だ。

パンデミックが起こりにくい社会を構築し、同時に気候危機を回避する取り組みとして、現在国際的に提唱されているのが「グリーンリカバリー（緑の復興）」や「ビルドバック・ベター（より良い復興）」などと呼ばれる考え方である。本稿ではグリーンリカバリーに関する世界の主要な動向を紹介し、その意味するところ（とりわけ日本にとって）を考える。

2　新型コロナウイルス対策による経済活動と環境への影響

新型コロナウイルス対策として各国で都市のロックダウンなど経済活動と人の移動を制約する措置が導入された。その結果、短期的には大気汚染物質や温室効果ガスの排出量が減少した。しかしこれまでの経験によれば、そのような環境改善

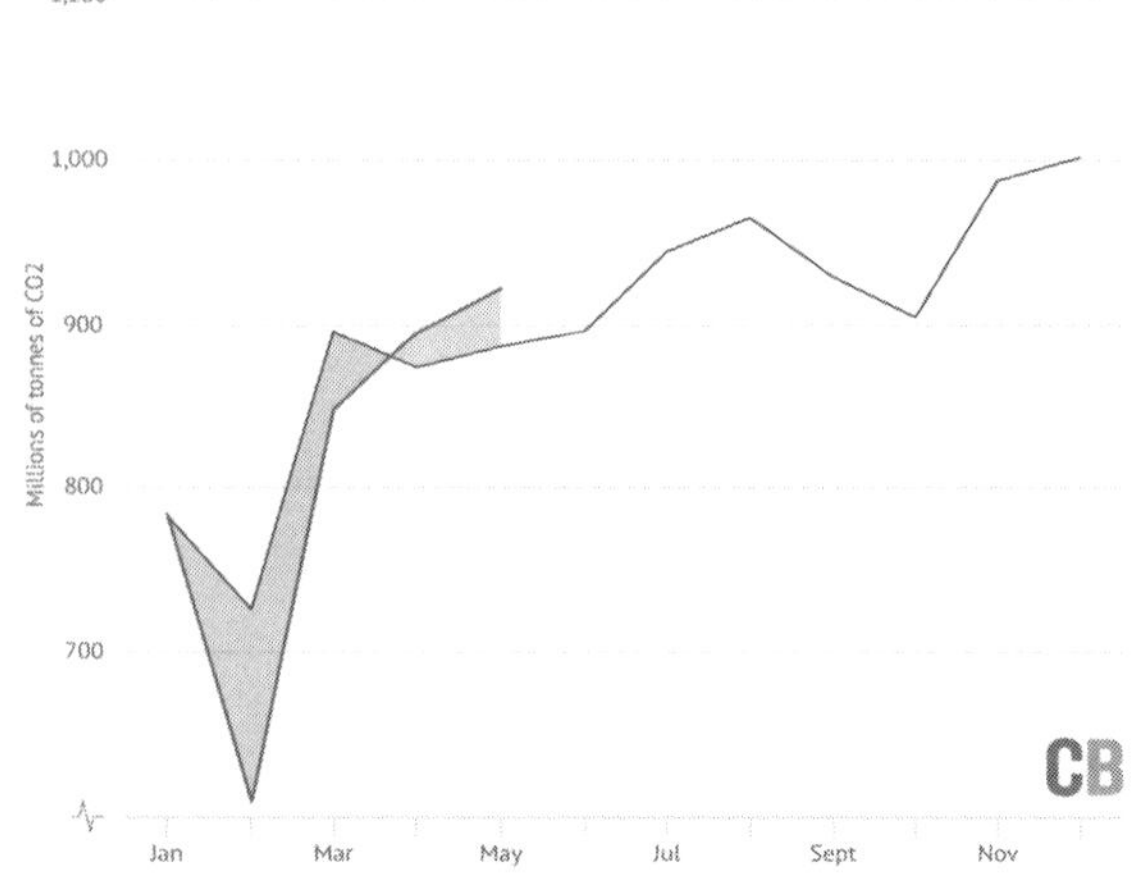

【図 1】中国の CO2 排出量:2019 年と比べ 2 月はじめから 3 月中旬（ロックダウン中）は 25% 減少、ところが 5 月は 5% 増加した注3。

は一時的で、パンデミック収束後経済活動が元に戻ると、汚染物質や温室効果ガスの排出もリバウンドすることが明らかとなっている。現実に過去の主要な世界経済危機（第一次・第二次オイルショック、ソ連邦崩壊、アジア金融危機、リーマンショック）後には温室効果ガス排出量が減少したが、その後すぐに戻っている。

ちなみに気候変動の原因となる二酸化炭素（CO_2）の中国の排出量をみると、二〇二〇年二月初めから三月中旬の武漢のロックダウン中は昨年比25％減少となっていた。ところが、コロナ禍が収まった五月には5％増加となり、すでにリバウンドが起きている（図1）。石炭火力発電所の再稼働、セメントや鉄鋼などの炭素集約型産業の復活などの要因が指摘されている。

3 グリーンリカバリーを求める世界の動き

既述のように、新型コロナウイルス対策として、各国で都市のロックダウンなど経済活動や人の移動を制約する措置が導入され、その結果、短期的には世界的にCO_2排出量などが減少し、大気汚染も改善した。これを一時的現象で終わらせず、以前よりも持続可能で健全な経済につくり変えようという議論が世界的に広がっている。これが「グリーンリカバリー（緑の復興）」や「ビルドバック・ベター（より良い復興）」である。

各国政府はコロナ禍の経済不況からの回復に向け、所得補償や休業補償などの緊急対応策の実施と並行し、中長期的な経済対策を進めている。現下の経済対策規模は過去最大級で、各国の今後の社会構造に大きく影響を与える。そのため経済復興策の内容が極めて重要となる。

国連事務総長やグローバル企業のCEOなど各界リーダーは、「目指すべきは原状回復ではなく、より強靭で持続可能な「より良い状態」への回復である」と訴え、経済対策を脱炭素社会の実現に向けた契機とすべきと提言している[注(4)]。

国際エネルギー機関（IEA）の事務局長は、三月に行った演説でコロナ危機からの復興の中心にクリーンエネルギーの拡充と移行を置くことが「歴史的な機会」であると述べ、七月には「クリーンエネルギーへの移行に関するサミット」（IEA Clean Energy Transitions Summit[注(5)]）を開催した。

IEAが公表したポスト・コロナの未来を創る「グリーンリカバリー」についての報告書では、電力、運輸、ビル、産業、燃料などの部門ごとに、コロナ禍に対応した持続可能な経済復興を実現する詳細な対策が提案されている。たとえば太陽光や風力などの再生可能エネルギーや省エネ、電気自動車の購入補助などに今後三年間で3兆ドルを投じれば、世界のGDPを年平均で1・1%増加させることができ、失われた雇用を九〇〇万人規模で回復または新規に生み出し、そのうえ温室効果ガスの排出を減少に転じさせることが可能であることを示している。

気候政策目標の強化	①　2030年目標引き上げ。50～55%削減の包括的計画（20年夏） ②　EU排出量取引制度（EU-ETS）の見直し（21年6月） ③　炭素国境調整メカニズム
欧州気候法	2050年までに温室効果ガスの排出を実質ゼロにするとの法的拘束力ある目標が組み込まれている（20年3月）。
欧州グリーンディール投資計画	今後10年間、欧州投資銀行を主軸として官民合わせて少なくとも1ユーロの投資の動員を目指す。（InvestEU ファンドの30%は気候変動策に割り当てられる）
新循環型経済行動計画	グリーンディールの基盤。持続可能な製品の標準化、消費者のエンパーメント、循環性が高い産業分野を重視、廃棄物の削減を掲げる。
公正な移行メカニズム	投資計画の一部。移行により最も影響を受ける地域の社会経済的変化軽減するため、2021-27年の間に少なくとも1,000億ユーロを注入す

【表1】欧州グリーンディール：主要施策（Roadmap文書より筆者作成）

4　欧州グリーンディールとグリーンリカバリーの中核「次世代EU復興基金」

欧州グリーンディールとは

欧州連合（EU）の取り組みはとりわけ注目に値する。EUは二〇一九年一二月にフォンデアライエン新委員長のリーダーシップの下、「欧州グリーンディール注(6)」を公表した。EUはその後のコロナ禍による景気後退にもかかわらず、「欧州グリーンディール」を堅持し、着実に推進することを明らかにしている。

欧州グリーンディールとは、経済や生産・消費活動を地球と調和させ、人々のために機能させることにより、温室効果ガス排出量の削減（二〇三〇年に55%削減、二〇五〇年に実質排出ゼロ）に努めるとともに、雇用創出とイノベーションを促進する成長戦略である。その実施のため1兆ユーロ（約124兆円）規模の持続可能な欧州投資計画を策定している。

金融や社会政策（公正な移行）、競争政策など、気候変動や持続可能性と結び付いていなかった政策も含んでいる。
欧州グリーンディールはEUの成長戦略で、クリーンエネルギー技術への投資、建物やインフラ改修、運輸やロジスティクスのクリーン化、公正な移行基金などが含まれる（表1参照）。

欧州グリーンディールが成長戦略であることは何を意味するか。それは、環境保全への取り組みを通じて成長を生み出す経済システムへの転換を意図している。そしてパリ協定が求める「脱炭素経済」を創出、軌道に乗せることが、二十一世紀において持続可能な経済発展を遂げる唯一の道との認識をも示すものである。「脱炭素化投資」は最も緊急性の高い投資項目で、早めに脱炭素経済へ転換をすることで、「先行者利得」を獲得することができるとの狙いもある。

グリーンリカバリーの中核「次世代EU復興基金」

二〇二〇年七月二一日、EU首脳会議は、コロナ禍不況からの経済再建を図るための次世代EU復興基金の設立に合意した。これは、EU予算とは別に7500億ユーロ（約92兆円）を市場から共同債の発行により調達する。そのうち3900億ユーロは補助金、3600億ユーロは融資を予定する。二〇二一～二〇二七年のEU次期七カ年中期予算案（約1兆743億ユーロ）と合わせると過去最大の1兆8243億ユーロの規模となる。これらのうち「少なくとも30％」は気候変動に充てられ、最大規模の環境投資を伴う刺激策となる。資金の返済は、EU予算における将来収入（二〇二八～五八年）を充てる。その財源候補として、排出量取引制度（ETS）のオークション収入や国境炭素調整メカニズムなどが言及されている。

EUは、二〇五〇年までに温室効果ガスの排出を実質ゼロにする「グリーン移行」を促進しながら、経済を刺激し雇用を創出するという成長戦略を掲げ、復興基金は、①国の重要な気候・エネルギー計画であること、②欧州グリーン投資分類（タクソノミー）上のグリーン投資に認定されること、③SDGs（持続可能な開発目標）予算との整合性を取ること等を採択条件として、加盟国や地域へ供与される。

具体的な内容としては、再生可能エネルギー、省エネ、水素などクリーンエネルギーへの資金提供、電気自動車の販売やインフラへの支援、農業の持続可能性を向上させるための措置などが盛り込まれている。

今後次世代EU復興基金の設立により、再エネ、水素、交通システム等次世代の技術・産業に関しEUが一層先行する可能性が高い。

5　中国、韓国でも新たな動き

韓国でもグリーン・ニューディール

韓国の与党は、二〇二〇年四月の総選挙で韓国版グリーン・ニューディール、アジアで最初の炭素中立、石炭火力からの撤退などをマニフェストで掲げて勝利した。

同年七月一四日、韓国の文在寅大統領は、環境分野での雇用創出などを目指した「グリーン・ニューディール」政策に114兆1000億ウォン（946億ドル）を投じると表明した注(7)。化石燃料への依存から脱却し、電気自動車、水素自動車、スマートグリッド（次世代送電網）、遠隔医療などデジタル技術を活用して、環境に優しい産業を育成する。新規プロジェクトを通じて二〇二五年までに一九〇万人の雇用を創出する計画だ。同年までに電気自動車の保有台数を113万台、水素自動車の保有台数を20万台とすることを目指し（二〇一九年末時点ではそれぞれ9万1000台、5000台）、充電施設の導入も進める。

世界を驚かせた習主席の国連演説：二〇六〇年ネットゼロを表明した中国注(8)

中国の習近平国家主席は二〇二〇年九月二二日の国連総会で、二酸化炭素（CO_2）排出量を二〇三〇年までに減少に転じさせ、二〇六〇年までにCO_2排出量と除去量を差し引きゼロにする炭素中立（カーボンニュートラル）、脱炭素社会の実現を目指す、と表明した注(9)。中国は世界最大のCO_2排出国で、世界全体の排出量の28%を占める。それだけに、この発表は世界から驚きをもって迎えられた。中国はこれまでの国際交渉では、先進国の歴史的排出責任を厳しく批判し、自らは途上国であるとして総量削減目標に踏み込まなかったので、今回の方針転換は大きな意味を持つ。

中国では、毎年のように長江流域などで大洪水が発生し、多大な被害が出ている。大気汚染の深刻化もあり、大気汚染対策と表裏一体の温暖化対策の強化は、習政権にとって避けられない課題となっている。今般の国連演説は、多国間主義に基づく国際協調の重要性を訴え、責任ある大国の立場をアピールするとともに、米国に対して気候変動分野での協力の用意があることの意思表示ともとらえられる。

一方、今後の脱炭素社会への移行を見すえた経済成長策として意味ももつ。習主席演説では、コロナ禍からの経済回復に際し、パリ協定に沿い脱炭素を目指す経済発展を進めるべきとし、「グリーン革命」を提唱し、国際協力を呼び掛けている。

中国は、すでに太陽光パネルと風力発電設備生産では世界トップで、太陽光発電と風力発電の導入量はともに世界一である。風力発電設備容量は世界の約30%を占め、電気自動車生産台数も世界一である。脱炭素社会への移行の加速には中国産業の国際競争力を高める狙いがある。

ところが、習主席演説には炭素中立実現の具体策への言及は全くなかった。また、現在中国が公表している経済復興策は「グリーンリカバリー」には程遠い。特に、最近増加傾向にある石炭火力発電所の建設動向も炭素中立の目標とは相いれない。今後、どのように実現性ある具体策を示せるかどうかが焦点となり、現在準備中の第14次五カ年計画（二〇二一〜二〇二六年）が注目される。

6　米国も変わるか

本稿は米国の大統領選前（10月14日）に執筆しているが、一一月の大統領選の結果いかんでは、米国の気候変動政策が大きく変わる。

民主党バイデン候補が勝利すると何が変わるか[注(10)]。

まずはパリ協定への復帰である。協定復帰は大統領権限で国連に通告すれば可能で、通告から三十日後に復帰が法的効力を有する。

国内的には、選挙公約の実現を図っていくことになる。選挙公約は予備選を争ったバイデンとバーニー・サンダース陣営がすり合わせて作成されたもので、二〇一六年のヒラリー・クリントン候補の公約と比べても飛躍的に野心的な内容だ。その主要なポイントは以下の通りである[注(11)]。

①二〇五〇年までに経済全体で温室効果ガスのネットゼロ排出を目指す。

②持続可能なインフラとクリーンエネルギーに投資

政権発足後四年間で2兆ドル（211兆円）を投資。インフラの刷新や電気自動車やクリーン技術などの開発を支援し、それらの取り組みを通じ数百万人の雇用を創出する。

老朽化した道路や橋などの刷新。鉄道などの交通機関の動力源のクリーンエネルギーへの置き換え。上下水道の改修や次世代第五世代移動通信システム（5G）ネットワークの全国普及。

二〇三〇年までに人口一〇万人以上の都市全てに温室効果ガス排出ゼロの公共交通機関の提供を目指す。

電気自動車（EV）普及のため、充電施設五〇万カ所設置、排ガスゼロ車（ZEV）や電気自動車（EV）の充電ステーションなどへの投資により、自動車産業とそのサプライチェーン・自動車インフラ分野で一〇〇万人の新規雇用創出。

再生可能エネルギーは太陽光パネル数百万枚や風力発電タービン数万基の設置などを推進。

クリーン技術の実用化やコスト削減のため、蓄電池や次世代素材・エネルギー設備などの開発に4000億ドルの政府調達を充てる。

③温室効果ガスの排出規制とインセンティブの再強化

二〇三五年までに発電分野からの温室効果ガス排出をゼロにすべく、エネルギー効率や発電源のクリーン化に関わる基準を導入。基準を満たす事業者に税控除。
運輸部門には、野心的な燃費基準を設定し、ゼロ排出車の導入を加速させる
三〇年までに全ての新設商用ビルをゼロ排出化する新基準を立法。商業用建物四〇〇万棟の

エネルギー・空調システムを刷新。住宅二〇〇万戸の耐候性向上を目指す。個人住宅の改修に対し現金給付および低金利融資を提供。建物改修や住宅の耐候化への投資で一〇〇万人以上の雇用創出。

④環境正義の実現

社会的に不利な状況に置かれているコミュニティが気候変動対策による恩恵から取り残されないように重点支援。具体的には連邦政府によるクリーンエネルギー、クリーン交通、サステナブル住宅などへの投資による便益の40％をこうしたコミュニティが享受できるようにする。

バイデン大統領が誕生すると、こうした野心的な政策が実施されるだろうか。公約実現には、既存法の下での行政権限に基づく規制強化と、議会による新規立法がある。新規立法の成立には、連邦議会の上下両院での法案通過と大統領の署名が必要だ注⑿。大統領選挙と同時に行われる議会選挙で、民主党が下院の多数派を維持し、上院でも多数派を奪取する必要がある。また規制強化は、最終的には司法の判断に委ねられるが、保守派が多数を占める連邦最高裁が大胆な規制を支持するとは限らない。

一方、中国との関係では、バイデンは、一帯一路イニシアティブでアジアの化石燃料プロジェクトに数十億ドルを費やしていると厳しく批判し、石炭火力発電プロジェクトの輸出支援を廃止し、アジアやアフリカなどの途上国にCO_2を大量に排出する産業を移転させることをやめ

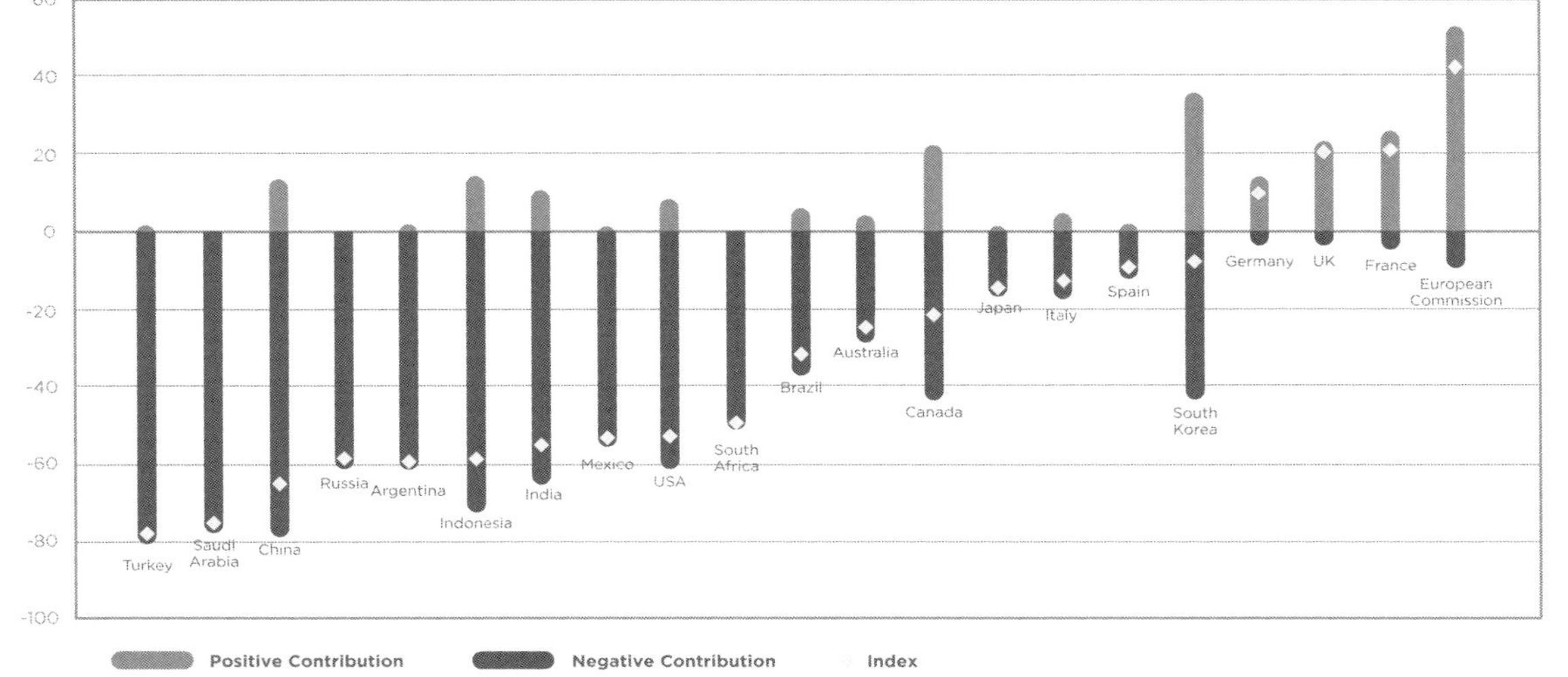

【図 2】G20 各国の景気刺激策のグリーン度指数：持続可能性の観点から
0の上は正の貢献、下は負の貢献。点がグリーン度指数

るよう要求している。ただし民主党政策綱領では、気候変動問題への取り組みにおいて中国との間に相互利益があり、両国の協力を追求するべきとしている。

バイデン大統領が誕生し、アメリカがパリ協定に復帰した場合、EUのみならず、中国とも気候変動対策で再び協調が進む可能性がある。

以上のよう今回の選挙結果によって、米国のみならず世界の気候危機への取り組みは大きく変化する可能性がある。

7 グリーンリカバリー投資は進んでいるか

こうしたグリーンリカバリーを求める声の高まりに対して、各国は実際にどのような対応を取っているのだろうか。

ロンドンに本拠を置く企業経営コンサルタントVivid Economics[注⒀]による分析では、これまで（二〇二〇年八月二八日現在）のG20国とスペインで発表された景気刺激策のうち、一六か国では環境への悪影響をもたらすものが大勢と結論付けており、その結果、短期的に事業に投入される資金の大部分は、むしろ将来の環境持続可能性を危険にさらす可能性があるとしている[注⒁]（図2参照）。各国の経済復興策の内容を今後も注視していく必要がある。

8　世界の潮流はネットゼロとグリーンな復興：日本の課題は？

欧州をはじめとするグリーンリカバリーの動向、米国や韓国、中国などの急激な変化を踏まえると、脱炭素投資とデジタル化を主軸としたコロナ後の世界経済の転換は一挙に加速していく。脱炭素でレジリアントな社会への転換の世界の潮流に無自覚な日本は、産業の国際競争力の面でも大きく立ち遅れる恐れがある。ちなみに二〇二一年の世界経済フォーラムのテーマは、『グレート・リセット（The Great Reset）』である。脱炭素を含むこれまでとは全く異なる持続可能な経済への大転換が求められているのである。

日本での二〇二〇年の七月以降の気象を振り返ってみても、七月の異常な長雨、八月の高温、九月の巨大な台風の襲来など異常気象の顕在化が実感される。実は日本は、世界でも気候変動による影響が最も著しい国である[注⒂]。また、コロナ危機による経済的な打撃も深刻さを増している。その意味で、「グリーンリカバリー」への挑戦は、日本においてこそ喫緊の課題である。日本では、これまで緊急経済対策にグリーンリカバリーの内容をほとんど打ち出していない。また従前から、気候変動対策に長期的戦略を持たず、消極的であるとして国際社会から批判を浴びてきた。

ところが日本では、政府の「パリ協定に基づく成長戦略としての長期戦略」において、脱炭素化の方針は掲げたものの、「二十一世紀後半のできるだけ早い時期に脱炭素化を実現する」

と述べているだけで、具体的な年限を示していない。パリ協定に提出した二〇三〇年の削減目標についても、著しく低いと評価される現行目標を引き上げることもなく二〇二〇年三月に再提出している。

国内では、国際的な批判を浴びてきた石炭火力発電プロジェクトの輸出支援方針を転換し、「原則として支援しない」こととするとともに、非効率な国内の石炭火力発電所については段階的に削減させる方針を明らかにした。しかし、これは高効率の石炭火力発電設備は今後も継続して使用し、さらには新規建設も許容することを意味しており、世界の石炭脱却の方向性と逆行する。

また、現在の日本政府によるグリーンリカバリーは、コロナ対策・経済再生のための総額約30兆円の補正予算のうち、環境省による脱炭素社会への転換支援事業（約50億円）のみで、全体の0・016％にとどまっている。国民の安全な暮らしと地球環境の持続可能性を損なわない社会の実現のため、経済復興策は「グリーンリカバリー」の視点を前提として策定することが望まれる。

ただし、日本政府がグリーンリカバリーを打ち出す前提として、国としての気候変動対策の方向性を明確に示す必要がある。

具体的には、

①パリ協定に基づく温室効果ガス削減目標の強化（二〇三〇年までに少なくとも45%削減、二〇五〇年までに炭素中立（ゼロエミッション））、
②国内での石炭火力新設中止、海外の石炭火力に対する公的資金による支援停止、
③再生可能エネルギーの抜本的普及を加速すべきである。

特に、現行の二〇五〇年温室効果ガス80%削減の目標を撤廃し、炭素中立（ゼロエミッション）を目標とすることは、世界に日本の政治的意思を示す意味で重要であり、法律に基づき規定することが望ましい。

ところが現状は脱炭素の国際潮流に抗うかのように、日本では石炭火力発電所の新設計画が目白押しで、日本のメガバンクは石炭火力発電事業への融資規模で世界上位を占め、国際的批判を浴びてきた。

パリ協定後の世界では、再エネが電源間競争の勝者となり、分散型電力システムへの移行、デジタル化、脱炭素化が主流となる。日本の電源関連業界はこれらの潮流に背を向け、石炭火力や原子力に注力する「逆張りビジネス」を展開してきた。日本の多くの経営者は気候変動対策を新しいビジネスチャンスとしてではなく、コスト上昇要因（競争阻害要因）としてのみとらえ、脱炭素の困難性を強調して来た。このような状況では、脱炭素化のための製品・サービス、生産設備、原材料をめぐるグローバルで激烈な開発競争で後れを取り、国際競争力を喪

失することにつながる。

経済全体としてもCO_2の排出削減を最も費用効果的に可能とする本格的カーボンプライシング(炭素の価格付け：本格的炭素税など)の導入が望まれる。脱炭素社会への目標達成に向け、段階的に炭素価格が上昇することにより、技術革新や低炭素インフラの開発が促進され、ゼロ炭素ないし低炭素の財やサービスへの移行が早まる。

日本で導入している炭素税は、CO_2排出量1トン当たりの税額が289円だ。炭素税を導入している他国と比べ著しく低く、CO_2排出抑制に効果を上げていない。英国のニコラス・スターン卿と米国コロンビア大学のスティグリッツ教授が共同議長を務める「炭素価格ハイレベル委員会」の報告書[注⒃]は、「パリ協定の気温目標に一致する明示的な炭素価格の水準は、二〇二〇年までに少なくともCO_2排出量1トン当たり40〜80ドル、二〇三〇年までに同50〜100ドルである」としている。日本の炭素税を現在の少なくとも十倍以上の規模に引き上げ、それに伴う税収はコロナ禍対策の財源や社会保障費低減、低所得層に対する所得給付、さらにエネルギー転換への投資などに用いるべきである。また、化石燃料への補助金や減税などの化石燃料優遇策をやめることによって、省エネルギーと再生可能エネルギーへの移行がさらに促進される。

「グリーンリカバリー」は、新型コロナにより、停止せざるをえなくなった既存の経済システムを、単に元に戻すのではなく新しく作り直すチャンスと捉えたものだ。そこでは、資金と資源と人材を地域で循環させて、できるだけ自立して安定した暮らしを実現することを目指している。加速する経済のグローバル化（貿易自由化、資本移動自由化、貿易フローの最大化、グローバルなサプライチェーン）については、パンデミックを防ぎ、気候変動などの持続可能性への脅威を軽減し、地域社会や世界の耐性（レジリアンス）を高める観点からの見直しと一定の歯止めも必要となってくるだろう。

一方で新型コロナウイルス対策を通じて新たに広がった、在宅勤務、時差通勤、遠隔会議などの経済活動・日常生活の変化は、環境負荷の少ない経済活動・ライフスタイル・ワークスタイルの導入につながる面もある。また、一部の都市では自転車利用の拡大が進み、自転者道整備の機運が高まっている。さらに農産物などの食料をできるだけを地域の生産者と連携して地産地消と地域自立を目指す動きも広がっている。

これらをさらに進め、地域の資源と人材と資金を地域で循環させ、より多くの雇用を地域で創出し、自立して安定した質の高い暮らしができる経済システムへの転換が必要である。最新の技術を活かしつつ、モノやサービスの利用に伴うライフサイクルにわたる省エネ・省資源化を図る自立・分散型の地域社会（地域循環共生圏）づくりが重要なのである。

本来気候変動対策は、持続可能なエネルギーへの転換（分散型再生可能エネルギーインフラへの投資、送配電網の整備、EVステーションの整備などを含む）、エネルギー・資源効率の改善、物的消費に依存しないライフスタイルへの転換など、より質の高い暮らしにつながり、人々の幸福に貢献する経済システムへの転換を目指すものだ。気候変動対策としての財政出動は、持続可能なインフラ整備や新技術開発など将来への投資と捉えられ、より大きな経済的リターンが期待できる。

しかしコロナ禍からの復興策が、化石燃料集約型産業や航空業界への支援、建設事業の拡大などの従来型経済刺激策にとどまるならば、短期的経済回復は図られても、長期的な脱炭素社会への転換や構造変化は望めない。新型コロナウイルス感染症による経済不況からの脱却を意図した長期的経済復興策は、同時に脱炭素社会への移行と転換、そしてSDGs（国連の持続可能な開発目標）の実現に寄与するものでなくてはならないのである。

おわりに

コロナ禍から教訓をくみ取り、脱炭素で持続可能な社会への速やかな移行を進めることが日本や世界が目指すべき方向である。こうした移行は、経済、社会、技術、制度、ライフスタイルを含む社会システム全体を、炭素中立で持続可能なかたちに転換することを意味する。ただしそれは、民主主義的でオープンなプロセスを経て着実に進められなければならない。

この観点から示唆に富む取り組みが欧州で進められている。二〇一九年一〇月からフランスで、二〇二〇年一月からは英国で、国レベルで脱炭素移行に向けた市民参加の熟議が行われた注(17)。無作為抽出のくじ引きで選ばれたそれぞれ一五〇人、一〇八人の市民が、専門家から知識を吸収しながら熟議を続け、それぞれ八カ月、四カ月に及ぶ討議を続けた。フランスで六月二一日にまとめられた政策提言はマクロン大統領に提出され公表された。六月二九日には大統領が提言を受けた基本姿勢を表明、その実現に向けた道筋を示した。一方英国では、六月二三日に中間報告がジョンソン首相に提出された。最終報告書のとりまとめと公表は九月に行われた。

一方、日本のエネルギー・環境政策決定プロセスは、国民参加や情報公開が不十分なまま、行政サイドと一部の産業界主導で政策や予算が決定されている。決定内容は国民に一方的に伝えられる傾向が強い。このような政策決定プロセスを構造的に改革し、脱炭素で持続可能な社会へと移行することが何より求められている。

追記：菅首相の所信表明（ネットゼロ宣言）を聞いて

本稿脱稿後の二〇二〇年一〇月二六日、菅首相は国会での所信表明演説で、「我が国は、二〇五〇年までに、温室効果ガスの排出を全体としてゼロにする、すなわち二〇五〇年カーボンニュートラル、脱炭素社会の実現を目指すことを、ここに宣言いたします。」と述べた。パリ協定の目標の実現に向け、世界の多くの国がすでに「五〇年に実質ゼロ」を表明している中で、遅きに失しているとはいえ、歓迎すべき動きである。

ただし現状の政策の延長上では「五〇年に実質ゼロ」達成はおぼつかない。その実現に向け、二〇三〇年目標の強化（少なくとも４５％削減）、石炭火力からの撤退、再生可能エネルギーの抜本的拡大（二〇三〇年に再生可能エネルギー電力目標を４５％程度）、カーボンプライシングの本格的導入、原子力の段階的廃止など課題は山積している。

菅首相は二酸化炭素の回収・貯留・有効利用、水素やアンモニアによる発電などの革新的イノベーションの必要性を強調している。ところがこれらの技術開発はその環境影響や経済性など不確定要素が大きく、実用化の時期は不確かである。

直ちに取り組むべきは、既存の技術でできる対策、すなわち石炭火力からの撤退を早め、化石燃料による発電を減らし、再エネを大幅に拡大することである。その移行を促進する政策として、再エネを中心とする電源構成への転換や、送電システムの改革とともに、炭素税や排出量取引の導入の必要性も強調しておきたい。

いずれにしてもこの所信表明を機とし、日本が脱炭素で持続可能な社会に大きく方向転換することを期待したい。

〔注〕

(1) https://www.unenvironment.org/news-and-stories/story/six-nature-facts-related-coronaviruses

(2) IPCC1.5℃特別報告書など

(3) https://www.carbonbrief.org/analysis-chinas-co2-emissions-surged-past-pre-coronavirus-levels-in-may

(4) 国際マザーアース・デーに寄せるアントニオ・グテーレス国連事務総長ビデオ・メッセージ（ニューヨーク、二〇二〇年四月二二日）

(5) https://www.iea.org/news/chair-s-summary-for-iea-clean-energy-transitions-summit

(6) https://ec.europa.eu/info/strategy/priorities-2019-2024/european-green-deal_en

(7) https://jp.reuters.com/article/southkorea-president-newdeal-idJPKCN24F0SZ

(8) ここでの記述は、次の論考を参考にしている。田村他、「中国 2060 年炭素中立宣言についての解説」、小西雅子、「中国「CO2 排出実質ゼロ」宣言、実現すれば画期的」

(9) https://www.bbc.com/japanese/54260510

(10) 本節の記述の多くは以下の文献に依拠している。田中聡志、「米国大統領選における気候変動の議論の動向」、上野貴弘、「バイデンならパリ協定復帰へ：米大統領選と気候変動政策の行方」

(11) バイデン候補の気候変動に関する公約の詳細は下記参照。「クリーンエネルギー革命と環境正義に関するバイデン計画」、「モダンで持続可能なインフラ及び衡平なクリーンエネルギーの未来の構築のためのバイデン計画」

(12) ただし上院では重要法案の本会議可決に定数１００のうちの６０票以上の賛成が必要である。

(13) https://www.vivideconomics.com/

(14) Greenness of Stimulus Index

(15) Global Climate Risk Index 2020

(16) Report of the High-Level Commission on Carbon Prices

(17) 詳細な紹介は、環境政策対話研究所、「フランス及び英国の気候市民会議の最新動向」

気候危機：日本は何をすべきか？

はじめに—気候変動問題と新型コロナウイルス

本稿執筆時では、新型コロナウイルス（COVID-19）が世界を席巻し、その収束の見通しはたっていない。その影響で本年（二〇二〇年）一一月に英国のグラスゴーで開催される予定であった第二六回気候変動枠組条約締約国会議（COP26）は、来年に延期されることになった。

新型コロナウイルスと気候変動問題はいずれも人類の生存にかかわり、国際社会が協調して取り組むべき現下の重要な問題である。そしてこれらの問題はいずれも経済のグローバリゼーション（利潤極大を求めるヒト、モノ、カネ、情報の移動の世界化と自由化）に深く関連している。

各国は新型コロナウイルス対策として、経済活動や国民の生活をも制約するようなさまざまな対策を講じている。これらの対策が示すことは、国民の生命や安全にかかわる共通の脅威に対しては、人々の日常生活・経済活動を大きく変え制約することになる措置を、国および自治体がとらざるをえない、そしてとることができることである。気候変動に関しても実は同様の危機意識と実効性のある措置が必要ではなかろうか。

一方、新型コロナウイルス対策により起こった経済活動の縮小（変化）が短期的には大気汚染物質や温室効果ガス排出量の減少をもたらしている（例えば中国）注(1)。しかしそれは一時的なものであり、パンデミックが収束し、リーマンショック時のように経済活動が元の姿に戻ると汚染物質や温室効果ガスの排出もリバウンドしてしまう。また新型コロナウイルス対策により起こった経済の停滞・縮小が短期的には気候変動の実施を遅らせる（停滞させる）可能性がある。

他方、新型コロナウイルス対策により起こった経済活動・日常生活の変化（在宅勤務、時差通勤、遠隔会議など）は環境負荷の少ない経済活動、ライフスタイル、ワークスタイルの導入につながる面もある。これらは新型コロナウイルス後もさらに制度化や高度化させることが望まれる。

現在、新型コロナウイルスによる経済不況からの脱却を意図した経済刺激策が、各国で準備・導入されようとしている。しかし従来型の経済刺激策（化石燃料集約型産業への支援や建設事業の拡大）では短期的な経済回復は図れても、長期的な脱炭素社会への転換、構造変化は望めない。したがって望むらくは、新型コロナウイルスによる経済不況からの脱却を意図した経済刺激策は、同時に脱炭素社会への移行と転換を実現に寄与する「緑の復興策」としなくてはならない。また歯止めのない経済のグローバル化（貿易自由化、資本自由化、貿易障壁の低減、貿易フローの最大化、グローバルなサプライチェーン）についても、パンデミックや気候変動などがもたらす国際社会の持続可能性への脅威に対して、地域社会・各国・世界の耐性（レジリエンス）を高める観点からの見直しが必要であると思われる。

1 パリ協定と持続可能な開発目標（SDGs）が描く世界のビジョン

二〇一五年一二月に採択されたパリ協定は、地球全体の気候変動抑制に関する野心的な長期目標を定め、化石燃料からの脱却への明確なメッセージを出し、先進国に率先的行動を求めると同時にすべての途上国の参加も包括する枠組みを構築した。

パリ協定では世界の平均気温上昇を産業革命以前に比べて2℃より十分低く、さらには1.5℃に抑えるよう努力することを目標としている。このため、今世紀後半に、世界全体の人為的な温室効果ガス排出量を人為的吸収量で相殺する「ネット・ゼロ・エミッション」という目標を掲げている。これは人間活動による温室効果ガスの排出量を実質的にゼロにする目標であり、脱化石燃料文明への経済・社会の抜本的転換が必要となる。パリ協定が意味するのは化石燃料依存文明の終わりの始まりである。

一方、二〇一五年九月の国際連合総会で採択されたSDGsは、経済発展、社会的包摂、環境保全の三側面に統合的対応を求める一七のゴール、一六九のターゲット、二三二の指標で構成される。

SDGsは、「誰も置き去りにしないこと」を中心概念とし、貧困に終止符を打ち、不平等と闘い、気候変動をはじめとする環境問題に対処する取り組みを進めることを求めている。

SDGsとパリ協定が示す新たなビジョンは、基本的人権に基づく社会的基盤の向上と地球システムの境界のなかで、貧困に終止符を打ち、自然資源の利用を持続可能な範囲にとどめ、環境的に安全で、かつ基本的人権の尊重という視点から社会的に公正な空間領域で、地球上のすべての人々が例外なくその幸福（well-being）の持続可能な向上が図られる社会と定義できる。気候変動はこれまで考えられていたよりも急速に進み、その影響は加速している。このため、より強力な行動を迅速にとらなければならない。同時に、持続可能なエネルギー源、クリーンエネルギー技術およびインフラストラクチャーなどへの投資は、よりよいイノベーション、持続可能な包摂的成長、競争力の向上、雇用創出の機会をもたらす。環境保護と経済成長の好循環を加速させることが急務である。世界の先進的経済国の一員として、日本はこの努力を率先して前進させなければならない。

2　顕在化する気候変動の被害

現在、世界中で温室効果ガスによる地球温暖化に由来すると考えられる降水量変化、異常気象の増大、海面上昇などが顕在化し、さまざまな分野で多数の気候変動影響が報告されている。

日本の年平均気温は世界の年平均気温と同様、変動を繰り返しながら上昇しており、長期的には一〇〇年あたり1.19℃の割合で上昇している（第1図）注(2)。顕著な高温を記録した年は、おおむね一九九〇年代以降に集中している。一方、気候変動に関する政府間パネル（IPCC）の第五次評価報告書（AR5）によると、世界の年平均気温は、一八八〇―二〇一二年の一三三年間で0.85℃上昇している。日本の気温は世界の平均よりも早い速度で上昇しており、その理由のひとつとしては、気温上昇率が比較的大きい北半球の中緯度に日本が位置していることが考えられる注(3)。

気候変動による被害は、日本も例外ではなく、むしろ日本は気候変動の影響を受けやすい国である。ドイツの環境・開発団体「ジャーマン・ウオッチ」が公表した報告書「世界気候リスクインデックス」の二〇二〇年版注(4)によると、日本は二〇一八年に世界一八三ヵ国で最も気候変動被害の大きかった国と評価されている。この評価の根拠となる指標は気候リスクインデックス（CRI）と呼ばれるもので、気象災害による死者数、人口一〇万人当たりの死者数、経済的損失、経済的損失の国内総生産（GDP）に占める割合の各項目を国・地域別にランク付けし、その順位の数字に項目ごとに設定したウエートを掛けて算出した数値を足したものである。

二〇一八年には、七月の西日本を中心とした豪雨で二〇〇人以上が死亡し、住宅被害も甚大

第1図　日本の年平均気温の経年変化（1898—2016年）

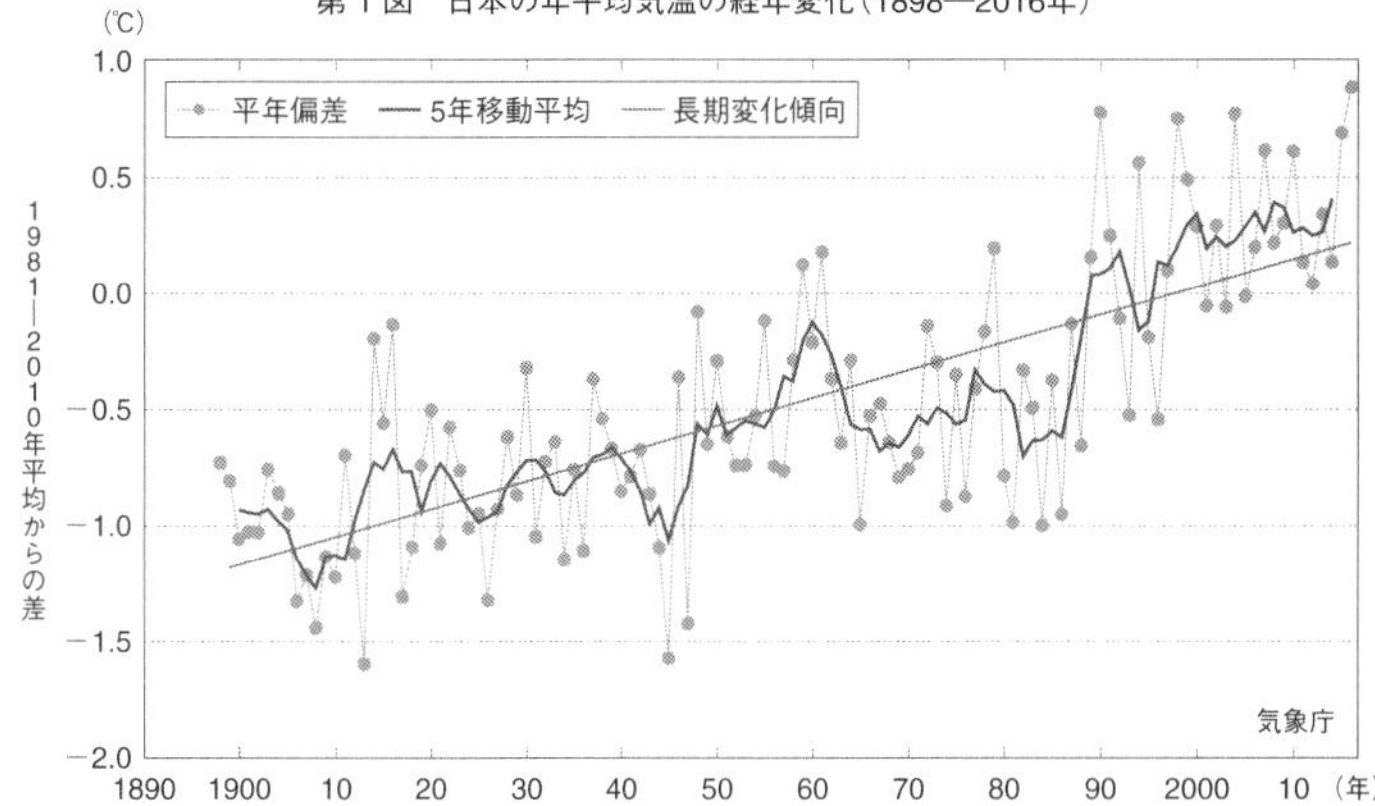

（注）　トレンド＝1.19（℃/100年）。
（出所）「気候変動の観測・予測及び影響評価統合レポート2018」（注2参照）。

だったほか、埼玉県熊谷市で日本の観測史上最高となる41.1℃を記録したことなどにより指数が悪化したと考えられる。大型台風の被害を受けたフィリピンが同二位、ドイツ（同三位）やカナダ（同九位）といった先進国もワースト10に入っている。ジャーマン・ウオッチでは気候変動への適応が急務と警鐘を鳴らすとともに、熱波（平均気温を5℃以上上回る日が五日以上続く現象）による死者への懸念も表明している。

さらに二〇一九年の台風15号、19号による被害額は合計2兆—2兆6000億円と、二〇一九年の世界全体の主要な自然災害の被害額の一割以上を占めた注(5)。

二〇一八年の猛暑では、五月から九月まで全国で九万二七一〇人が熱中症で救急搬送され、一五九人が死亡している（第2図）。救急搬送人員数としては二〇〇八年の調査開始以来最多となっている。世界の気象関連損失額の推移（1980—2016年）をみると（第3図）、損失総額は過去三十年間で約三倍、保険支払い額は約四倍となっている注(6)。ちなみに二〇一九年の自然災害による損失額は1500億米ドルで、そのうち保険で支払われた額は損失の三分の一をわずかに上回る520億米ドルにとどまっている注(7)。

3 すでに始まっている脱炭素社会への抜本的転換

パリ協定のもと、脱炭素社会への抜本的転換はすでに始まっている。世界の主要国は、省エネルギーの徹底や再生可能エネルギーの大幅な導入を進め、気候変動対策を生かした経済発展を実現しようとしている。有力企業は、気候変動をビジネスにとってのリスクであると同時にチャンスとも捉え、先導的取り組みを進めている。

いくつかの欧州やアジアの国々は、原発ゼロ、再生可能エネルギー100%、石炭火力フェーズアウト（撤退）などの目標をもっており、それによって、新たな雇用が生まれ、地域と国全体の経済発展を図ろうとしている。世界の多くの国で、いまや再生可能エネルギーは最も安い発電技術となっている。

欧州ではガソリン・ディーゼル車追放のうねりが起こっている。二〇一七年の七月にはフランスおよび英国が二〇四〇年までにガソリン車とディーゼル車の販売禁止を決めた。二〇二〇年二月には英国はこの目標を二〇三五年に前倒しにした。中国でも二〇一九年から新エネルギー車に

第２図　熱中症による救急搬送人員数と初診時死亡数の年別推移（6月―9月）

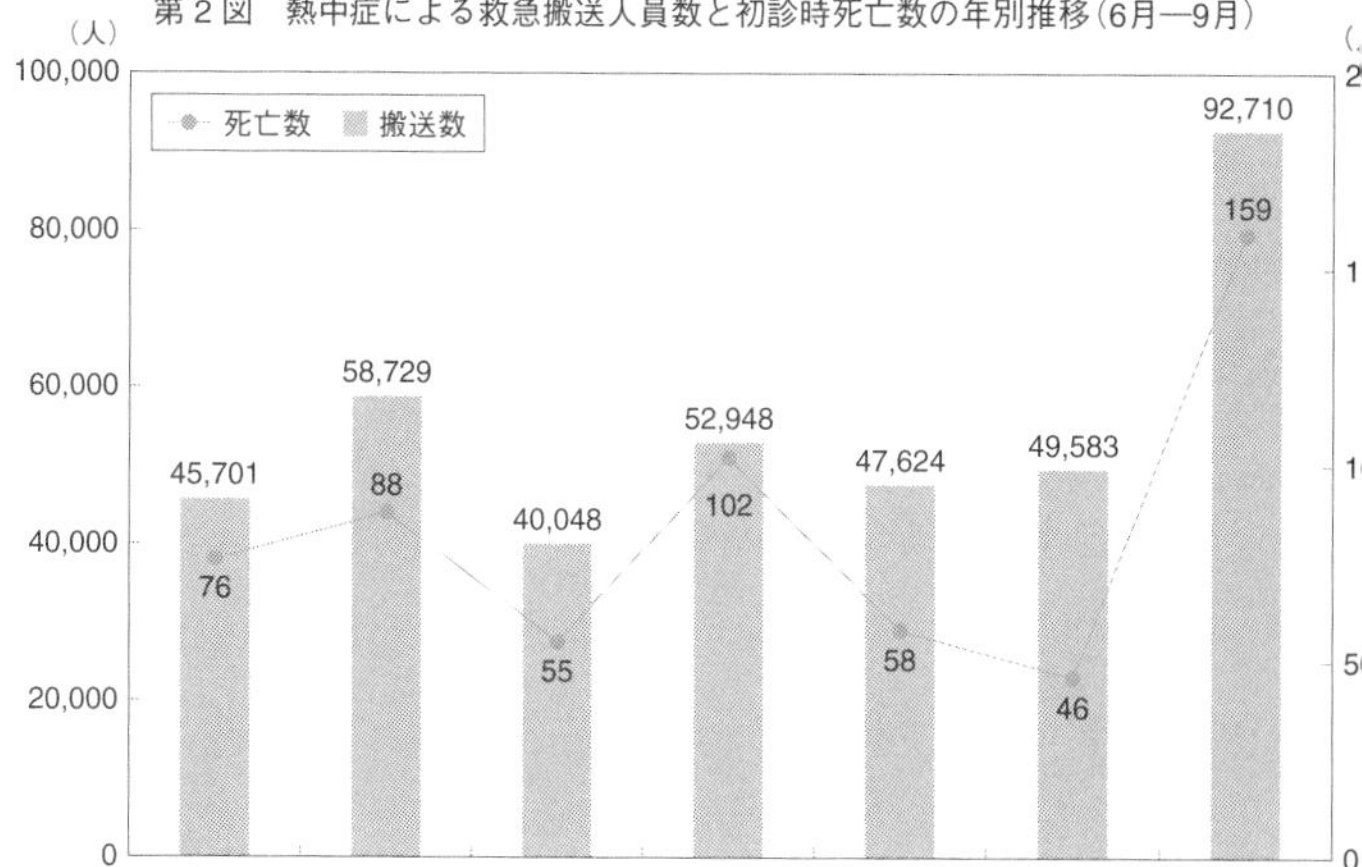

（注）　2014年までは5月分の調査を行なっていないため年別推移のグラフは6―9月で作成されている。
（出所）「平成30年（5月から9月）の熱中症による救急搬送状況」（総務省「報道資料」、平成30年10月25日）、より引用改変、https://sndj-web.jp/news/000109.php。

第３図　世界の気象関連損失額の推移（1980―2016年）*1

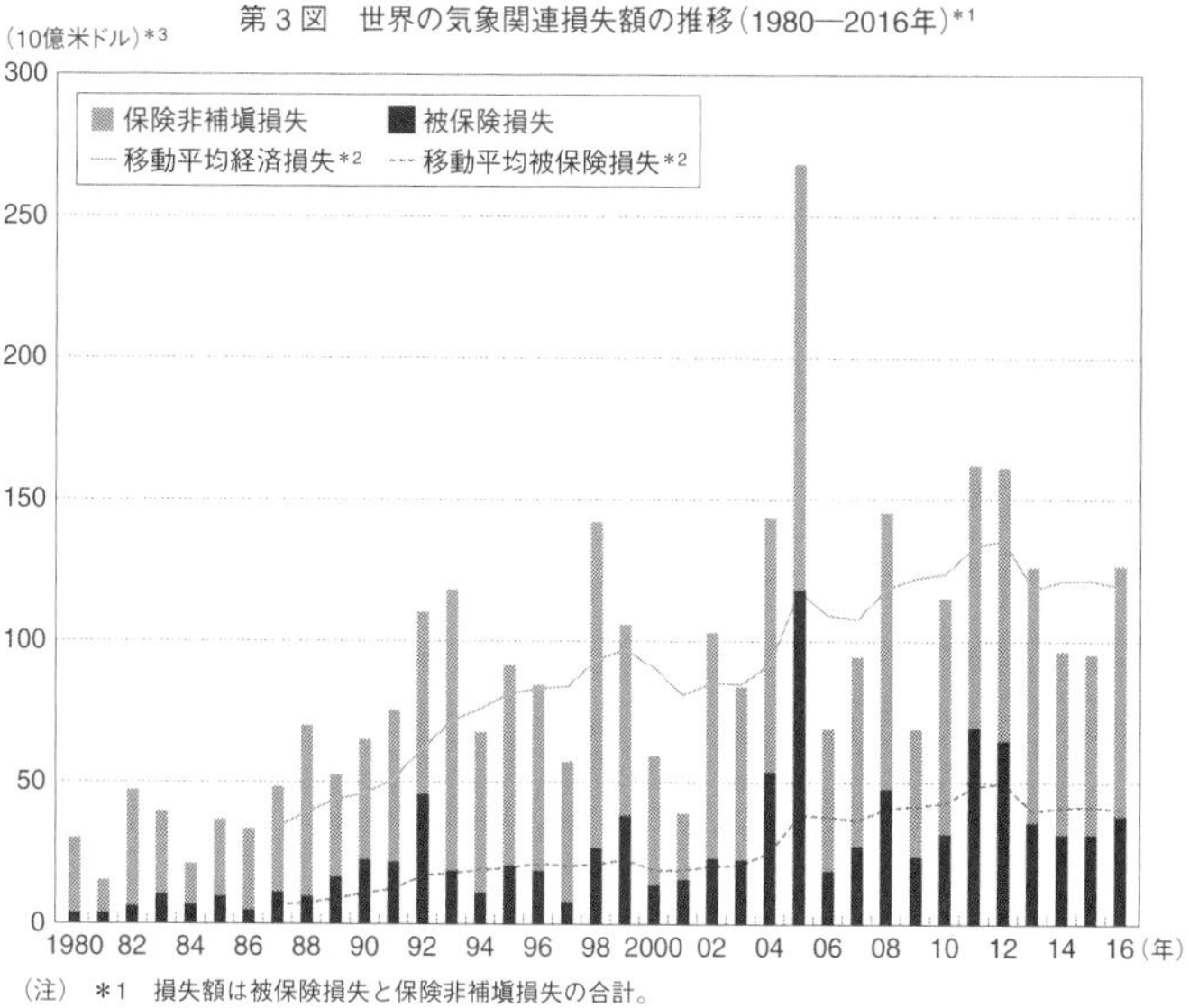

（10億米ドル）*3
300
250
200
150
100
50
0
保険非補填損失　被保険損失
移動平均経済損失*2　移動平均被保険損失*2
1980　82　84　86　88　90　92　94　96　98　2000　02　04　06　08　10　12　14　16（年）

（注）　＊1　損失額は被保険損失と保険非補填損失の合計。
＊2　8年分の移動平均。
＊3　国の消費者物価指数に基づいてインフレ調整をした2015年の値。
（出所）　Bank of England, Quarterly Bulletin 2017 Q2, 2017.

転換するための規制が導入されている。

再生可能エネルギーの爆発的普及と価格の低下も続いている。二〇〇五年末から二〇一七年末までに、世界の風力発電導入量は約九倍（59ギガワット〔GW〕から539GW）、太陽光発電導入量は約七九倍（5.1GWから402GW）に拡大した注⑻。

とりわけ注目すべきは、二〇一九年一二月に発表された「欧州グリーンディール」注⑼（以下「EGD」と略す）である。これは二〇五〇年に欧州連合（EU）からの温室効果ガスの排出を実質ゼロにする、すなわちEUを世界で初めての「気候中立な大陸（Climate-neutral Continent）」にするという目標達成に向けた、EU環境政策の全体像を示したものであり、二〇三〇年の削減目標を現行の40％削減（1990年比）から50～55％削減に引き上げることも構想に盛り込んでいる。EGDはEUの新たな成長戦略と目標達成に向けた行程表であり、すべての政策分野において気候と環境に関する課題をチャンスに変えるという決意の下、必要な法制（気候法）、対象とする産業、投資額や手段をはじめ、具体的な行動（適応戦略、国境調整税、EU域内排出量取引制度〔EU ETS〕改正、土地利用・森林規制等）が明示されている。フォン・デア・ライエン欧州委員会委員長は、EGDの目指すところは、「経済や生産・消費活動を地球と調和させ、人々のために機能させることで、温室効果ガス排出量の削減に努める一方、雇用創出とイノベーションを促進する」ことであると強調している。

また韓国の与党は、本年四月の総選挙で、韓国版グリーンニューディール、アジアで最初の二〇五〇年に炭素中立（温室効果ガス排出実質ゼロ）、石炭火力からの撤退、などをマニフェストに掲げて勝利した。

4 世界のトレンドに遅れる日本

日本政府は二〇一九年六月、「パリ協定に基づく成長戦略としての長期戦略」注⑽（以下、「長期戦略」）を閣議決定した。長期戦略は、今世紀後半のできるだけ早期に「脱炭素社会」を実現するとの方向性は示したが、実現への具体的道筋は描いていない。また、二〇五〇年までに温室効果ガスを８０％削減するという従来の目標は変えず、二〇三〇年の削減目標は二〇一三年比で２６％（一九九〇年比では18％）のままである。これは主要国で最低レベルであり、パリ協定の目標達成から求められるレベルとは大きく乖離している。

COP26の議長国となる英国と日本の温室効果ガス排出量の推移と目標を比較したものが第4図である。

英国では従来から、国としての気候変動に関する明確な目標を定め、それを炭素予算（カーボンバジェット）制度で、五年ごとの排出可能上限量を法制化しモニターしていく仕組みをとっている。現在では一九九〇年と比べると４０％以上削減されている。また二〇二五年の目標

（一九九〇年比51％削減）、二〇三〇年の目標（57％削減）も決められており、二〇五〇年には従来の80％削減目標を引き上げ、100％削減とした。

一方、日本の温室効果ガスは、一九九〇年以降漸増ないし横ばいで推移し、東日本大震災後に石炭火力の稼働が増えた影響で増加したが、最近は減少傾向にあり、二〇一八年度の実績は一九九〇年度比2・4％減とほぼ横ばいである。長期戦略では太陽光や風力などの再生可能エネルギーを主力電源とすることは明記されたが、二酸化炭素（CO_2）の排出量の多い石炭火力発電は「依存度を可能な限り下げる」という表現にとどまり、継続する方針が示されている。これは現在、新増設計画がある石炭火力発電を容認することにつながる。日本の石炭火力発電は技術が進んでいて相対的に環境負荷が低いと主張されることがあるが、最先端の石炭火力発電設備であっても、同等の天然ガス発電の約2倍の量の CO_2 が排出される。日本では、合計11.9GW に及ぶ二一基の石炭火力発電ユニットの建設が計画されており、予定されている稼働率で運転した場合、日本の既存の石炭火力発電所によるライフサイクル CO_2 排出量を50％増加（39億トンから58億トン）させることになる注(11)。多くの国が石炭火力発電からの撤退に向けて動き出しているなか、日本だけ逆行することになりかねない。

長期戦略ではさらに、脱炭素達成の手段として、まだ実現していない技術の将来的な革新（非連続的イノベーション）を重視する一方で、すでにある技術や対策によって直ちにできることを先送りする姿勢が続いている。太陽光や風力など、技術が確立している再生可能エネルギーの導入を後押し加速することになる意欲的導入目標や導入策は明示されていない。

また、CO_2の排出に価格を付けて削減を促す「カーボンプライシング」（炭素の価格化）は、最も有効な地球温暖化対策であり、日本も本格的に導入すべきであるが、引き続き検討するとの内容にとどまっている。日本で導入している炭素税は、CO_2排出量1トン当たりの税額が289円と、炭素税を導入している他国と比べ著しく低く、CO_2排出抑制に効果を上げていない。英国のスターン卿および米国コロンビア大学スティグリッツ教授が共同議長を務める「炭素価格ハイレベル委員会」の報告書[注(12)]は、「パリ協定の気温目標に一致する明示的な炭素価格の水準は、二〇二〇年までに少なくとも40―80ドル/tCO_2、二〇三〇年までに50―100ドル/tCO_2である」としている。現実に北欧諸国などでは炭素税の税額を高く設定することで、CO_2を排出しない製品の普及と省エネ技術の開発が促され、新たな経済発展につながっている。

5 日本の非政府主体は動き始めている

日本政府には気候変動政策に関する強力なリーダーシップが欠如しているが、企業や地方自治体を含む非国家主体の意欲的な取り組みが始まっている。

すでに東京都、神奈川県、横浜市など八九の自治体（一七都道府県、三九市、一特別区、二四町、八村）が「二〇五〇年までの CO_2 排出量ゼロ」を宣言している[注⒀]。表明した自治体を合計すると人口は約六二五五万人、GDP は約３０６兆円となり、日本の総人口の過半数に迫る勢いとなっている（二〇二〇年四月一日現在）。これらの自治体でのネットゼロ社会の目標達成に向けた政策、取り組み、研究などが進み、具体的な道筋が描かれ、対策が進展することが期待される。

日本でパリ協定の目標達成を実現するためのプラットフォームとして設立された「気候変動イニシアティブ」(JCI: Japan Climate Initiative)[注⒁]は、民間企業、地方自治体、非政府組織（NGO）など、さまざまな非国家主体のネットワークで、二〇一八年七月六日に発足した。当初は一〇五の組織が参加し活動を開始した。JCI の目的は、脱炭素社会を実現するための世界的な課題の最前線に立つことを誓約し、他の国内のマルチステークホルダー連合と協力し、脱炭素で気候変動に耐性のある社会への移行を加速することである。二〇二〇年二月七日現在、JCI の構成員は三二三の企業、三二の地方自治体、その他一〇二団体の四五七団体に急増している。

JCI は、二〇二〇年三月三〇日に、日本政府が二〇三〇年までの温室効果ガスの削減目標を含む国別目標（NDC: Nationally Determined Contributions）を、引き上げを行なわないまま国連に再提出することを決定したことに対し、気温上昇を 1.5℃ 以下に抑え、気候危機の深刻化に歯止めをかけるためには、二〇三〇年までの削減目標を早急に大幅に引き上げ、その達成に向けた対策強化を開始しなければならないとの声明を発表した[注⒂]。そして、削減目標を引き上

第４図　日英の温室効果ガス排出量比較

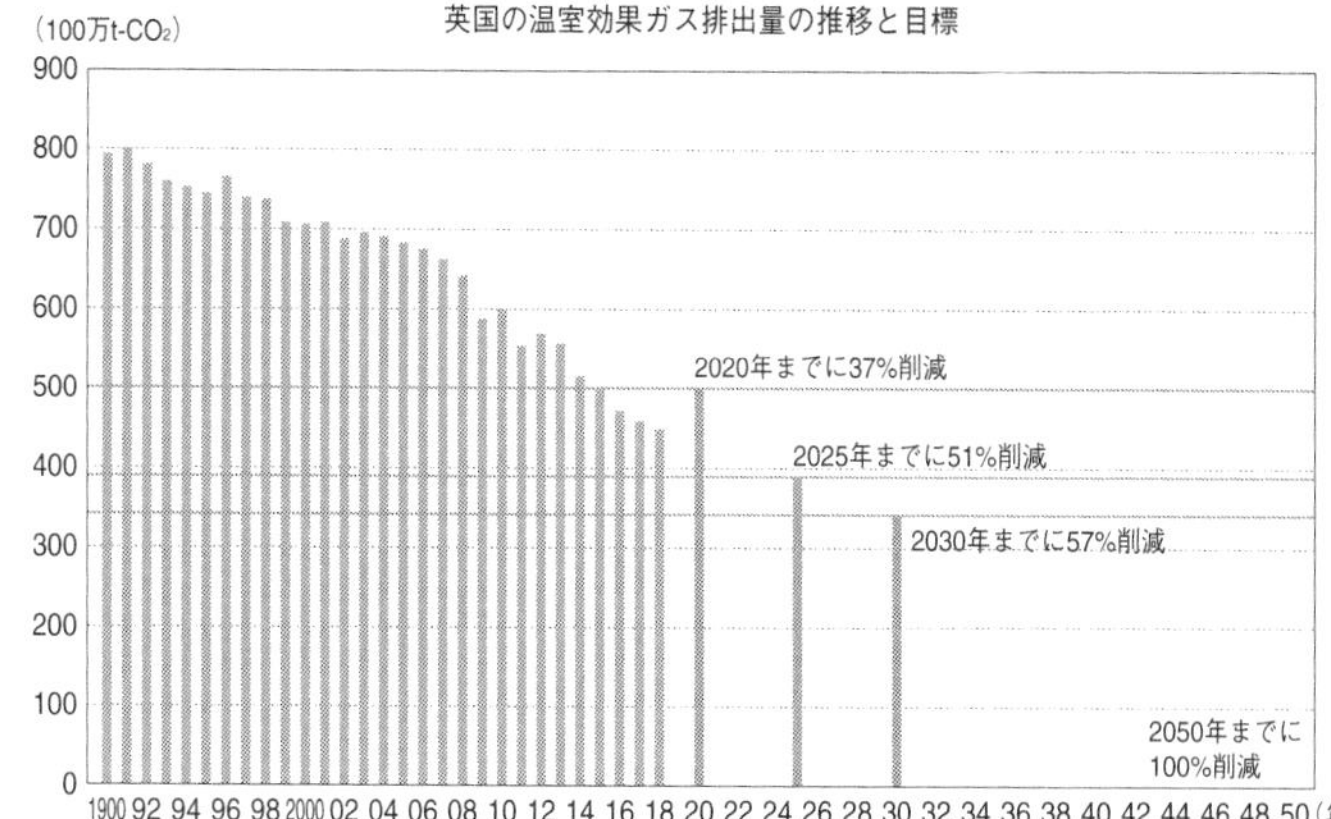

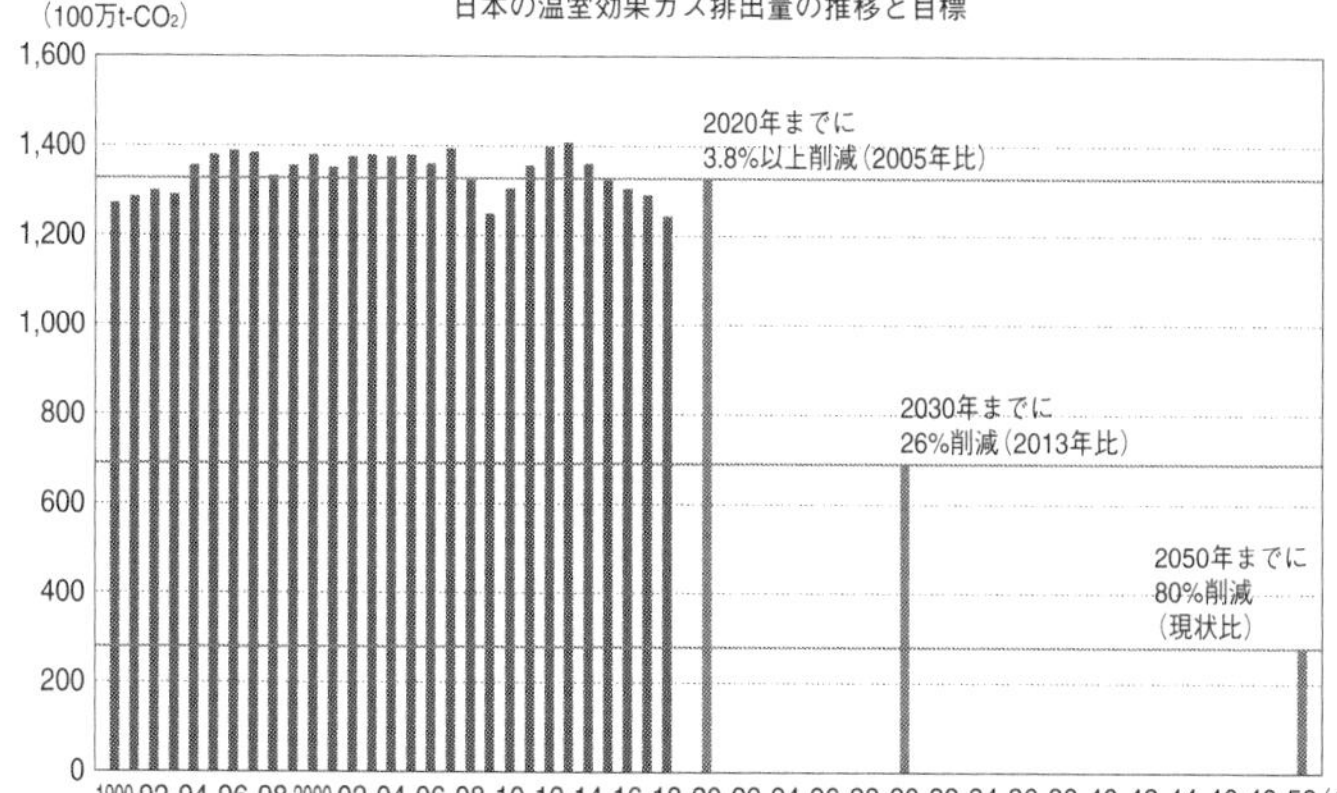

（注）　日本の目標の基準年はまちまち。英国の基準年はいずれも1990年。
（出所）　英国政府および日本政府の温室効果ガス排出量データより（伊与田昌慶氏作成）。

げる具体的な時期とプロセスを早急に明らかにし、気候危機に挑む世界の最前線に参加する日本の明確な意思をCOP26の前までに世界に示すことを強く求めている。

一方、一部の日本企業は、その気候変動への取り組みについて国際的に高い評価を受けている。環境分野に取り組む国際NGOのCDP[注(16)]による企業の気候変動対策調査報告書によると、三八の日本企業がAリストとして最高ランクに格付けされ、これは国別では世界最大である。また、Aマイナス（第二ステージ）には日系企業が四二社あり、一般的に気候変動対策を経営リスクとして取り組んでいると高く評価されている。

科学的に根拠ある水準の目標（SBT）[注(17)]によって認定された日本企業は約六〇社で、世界の三〇〇社のなかで、国別では最大である。SBTは、企業がパリ協定の目標達成のための科学的に根拠ある水準の削減目標を設定することを奨励している。SBTに参加することで、企業はイノベーションを促進し、規制対応の不確実性を減らし、投資家の信頼を高め、収益性と競争力を向上させることができる。そしてSBTはケーススタディーや、各種のイベント、メディア等を通じて、科学を根拠にした目標設定をした企業が収益性と競争力の向上を達成した事例を紹介している。SBTに参加している代表的な日本企業には、ダイキン、コマツ、コニカミノルタ、ソニー、花王、島津製作所などがある。

RE100[注(18)]は、企業経営に必要な電力を１００％再生可能電力とすることに取り組む、世界的な企業リーダーシップイニシアティブである。世界中の加盟企業225社のうち三〇社以上が日本企業である。RE100に加入している日本企業は、リコー、積水ハウス、イオン、城南信用金庫、ソニーなどである（二〇二〇年一月現在）。

6 国際社会の日本を見る目は厳しい

先述のように日本政府は二〇二〇年三月三〇日に、パリ協定に基づき、国連気候変動枠組条約事務局へ再提出する温室効果ガス削減目標について、二〇一五年に示した「二〇三〇年度に二〇一三年度比26％減（一九九〇年比では18％減）」を据え置くことを決定した注⒆。二〇三〇年目標は据え置かれたが、その水準にとどまることなく中長期の両面でさらなる削減努力を追求し現行の「地球温暖化対策計画」の見直しに着手すること、その後の新たな削減目標の検討は、エネルギーミックスと整合的に、温室効果ガス全体に関する対策・施策を積み上げ、さらなる野心的な削減努力を反映した意欲的な数値を目指すとしている。

この決定に対しては国際社会から批判的な反応が寄せられている。二〇一五年のパリ協定採択に中心的役割を果たしたトゥビアナ前フランス気候変動担当大使は、「日本政府が気候危機に対応して野心を高めていないのをみて失望した」と語った注⒇。トゥビアナ前大使はさらに「EUの加盟国、中国、英国、韓国などの他の国々は低炭素経済に向かって動いており、『今世紀のハイテク競争』で日本が取り残される可能性がある」と述べている。COP26議長国の英国は、パリ協定の2℃または1.5℃目標達成には現在の日本の目標をはるかに超える新しい取り組みが必要である、としている注(21)。二〇一九年一二月のCOP25では、アントニオ・グテーレス国連事務総長は、世界に二〇三〇年までに排出量を45%削減し、特に先進国にはそれを先導するよう訴えている。

日本の二〇三〇年26%削減は、パリ協定の採択前に提出した目標水準と同じものであり、パリ協定が求める1.5—2℃目標の達成にはきわめて不十分である。この五年間で科学的知見はさらに蓄積され、技術・社会状況も進展している。そして省エネが進み、急速に再生可能エネルギーコストが安価になり、脱化石燃料も世界中で広がっている。現在の二〇三〇年目標は、パリ協定の目標達成とは連動せず、各省の施策・対策を積み上げた地球温暖化対策計画に基づくものである。今求められるのは1.5℃や2℃目標を達成するためのバックキャスティング（未来の目標から逆算して現在の施策を変える）方式により、脱炭素社会への革新的な転換経路を求めることである。

残念ながら、近年の日本は気候変動枠組条約締約国会議（COPs）で「今日の化石賞」注(22)を授与されることが多く、また国内外で石炭火力の新設を進めていることから石炭中毒の国として認識されている。「気候変動パフォーマンスインデックス2020」注(23)（ジャーマン・ウォッチが作成した、各国の気候保護の実績を追跡するための独立した監視レポート）によると、日本は対象の五七ヵ国中五一位とパフォーマンスの非常に低い国として評価されている。このように、国際社会の日本を見る目は厳しい。

7 日本は何をすべきか

日本が気候変動対策で世界のリーダーシップをとり、持続可能で脱炭素の社会に移行するためには何が必要だろうか。その前提として、以下の取り組みが必要である。

① 温室効果ガス削減目標（野心）の強化

日本政府は、現在の二〇三〇年の排出削減目標は、パリ協定が定める1.5—2.0℃目標の達成に不十分な水準であることを受け止め、国民的な議論を実施したうえで、この目標を「二〇三〇年までに一九九〇年比で少なくとも45—50％削減」に引き上げ、二〇二一年のCOP26（英国グラスゴー会議）までに国連に再提出すること。

国としての明確な長期的目標を示すことで、政府は今日のビジネス決定において非常に重要な問題となっている気候変動につき、産業界に明確で前向きなメッセージを送ることができる。そして民間部門への投資を後押しすることができるのである。

② 地球温暖化対策計画およびエネルギー基本計画の改定

二〇三〇年の排出削減目標の強化と並行し、地球温暖化対策計画およびエネルギー基本計画の改定が必要である。現在の第五次戦略的エネルギー計画では、二〇三〇年の電源構成は、「石炭火力２６％、再生可能エネルギー２２—２４％、原子力２０—２２％」となっている。第六次の改訂では、再生可能エネルギーを増やし、石炭と原子力を減らすなど、これらの数値を大幅に変更する必要がある。そしてパリ協定1.5℃目標に必要な二〇五〇年に炭素中立（カーボンニュートラル）を目標とし、省エネの促進と持続可能な再生可能エネルギ１００％への転換を図る必要がある。

エネルギー使用の徹底した効率化により化石燃料の使用を減らし、再生可能エネルギーへの転換を図ることで、化石燃料の輸入費用は大幅に削減され、国富の流出を抑えることができる。

③ 石炭火力からの撤退

IPCCによれば、地球温暖化を1.5℃未満にとどめるためには、二〇三〇年までに石炭火力発電を８０％削減する必要があり、国連は二〇二〇年以降の石炭火力発電所の新設をやめるよう世界各国に要請している。ところが現在日本では、合計11.9GWに及ぶ二一基の石炭火力発電ユニットの建設が計画されており、予定されている稼働率で運転した場合、日本の既存の石炭火力発電所によるライフサイクル CO_2 排出量を５０％増加（３９億トンから５８億トン）させることになる[注(24)]。

また日本国外では、オーストラリアの石炭火力発電所の設備容量（24.4GW）を上回る24.7GWの石炭火力発電設備に、日本の公的融資がかかわっている注(25)。

世界的に風力や太陽光発電の価格が急降下していることを踏まえれば、日本が国内外で支援する石炭火力発電設備は、およそ645億米ドルもの座礁資産（投資回収の見通しが立たなくなる資産）となる可能性がある。

こうした観点から、国内での新たな石炭火力発電所の新設計画は中止し、既存の石炭火力発電所は段階的に停止することにより、石炭火力発電のフェーズアウトを図ることが望ましい。

④ 炭素の価格付け（carbon pricing）

カーボンプライシング（炭素税や排出量取引）は、再生可能エネルギー・省エネの導入を促進してエネルギー転換を進めるために、最も経済効率的かつ公平な政策である。カーボンプライシングは、経済主体を低炭素社会へと誘導する強力な価格シグナルとなる。脱炭素社会への目標達成に向けて、段階的に炭素価格が上昇することによって、技術革新や低炭素インフラの開発が促進され、ゼロ炭素ないし低炭素の財やサービスへの移行が早まる。

具体的には、大排出事業所と火力発電所に対しては、直接排出量に基づくキャップ・アンド・トレード型（対象部門全体の排出量にキャップ〔上限〕を設け、そのなかで排出枠を取引する）の排出量取引制度を導入、排出量取引制度参加者以外に対しては、CO_2排出量比例の本格的な炭素税を課すことが考えられる注(26)。

カーボンプライシングによる政府収入は、社会保障費低減、低所得層に対する所得給付、エネルギー転換への投資などに用いる。並行して、化石燃料への補助金や減税などの化石燃料優遇策をやめることにより、省エネルギーと再生可能エネルギーへの移行がさらに促進される。

⑤ 新型コロナウイルス不況からの「緑の復興策」(日本版グリーンディール)

冒頭に述べたように、新型コロナウイルスによる経済不況からの脱却を意図した経済刺激策が各国で準備・導入されようとしている。ただし従来型の経済刺激策では短期的な経済回復は図れても、長期的な脱炭素社会への転換、構造変化は望めない。新型コロナウイルスによる経済不況からの脱却を意図した経済刺激策は同時に脱炭素社会への移行と転換を実現に寄与する緑の復興策(日本版グリーンディール)でなくてはならない。

緑の復興策は、技術、社会システム、ライフスタイルの変化によるゼロカーボンで持続可能な経済への移行を含む、社会のあらゆる分野でさまざまな施策を導入する必要がある。特に、建物、大規模発電設備、産業部門の設備など、長期的に利用されるインフラについては、長期的な方向性を早急に設定し、各施設を更新する場合、将来の社会の変化に適応するために大幅に交換する必要がある。これには日本のすべての利害関係者が連携して取り組むべき国家戦略として位置付けられる必要がある。

EU は新型コロナウイルスによる景気後退にもかかわらず、EGD を堅持し推進することを明らかにしている。EGD は日本での緑の復興策を検討する際にも参考となるので、その主要な項目を以下に掲げる[注(27)]。

・エネルギーシステムのさらなる脱炭素化
・スマートグリッド、水素ネットワークなどのスマートインフラストラクチャー
・低排出技術、持続可能な製品およびサービスのクリーンで循環的な経済
・鉄鋼、化学薬品、セメントなどエネルギー集約型産業部門の脱炭素化と近代化
・人工知能（AI）、第五世代移動通信システム（5G）、クラウドおよびエッジコンピューティング、モノのインターネット（IoT）などのデジタル技術の活用
・公共・民間の建物のエネルギーと資源の効率的な方法での構築と改修
・持続可能でスマートなモビリティーへの移行の加速
・公正で健康的で環境に優しい食品システムの設計（Farm to Fork）
・生態系と生物多様性の保全と復元
・有害物質のない環境（汚染ゼロ）
・EU 政策における持続可能性の主流化
・グリーンファイナンスと投資の追求と公正な移行の確保

・国家財政・金融のグリーン化と適切な価格シグナルの発信
・研究とイノベーションの促進

おわりに

脱炭素で持続可能な社会への速やかな移行が日本および世界の目指すべき方向である。この移行は、経済、社会、技術、制度、ライフスタイルを含む社会システム全体を、炭素中立で持続可能なかたちに転換することを意味する。そしてこれは、民主主義的でオープンなプロセスを経て着実に進められなければならない。この移行プロセスには、狭義の利害関係者、専門家や政策立案・決定権者のみならず、社会の構成員である多様なステークホルダーによる社会的対話と熟議が不可欠である。

二〇一九年一〇月にはフランスで、そして二〇二〇年一月には英国において、国レベルで脱炭素トランジションに向けて市民参加・熟議が始まっている。無作為抽出で選ばれた市民が「気候市民会議」を構成し、合宿方式で徹底した政策対話を繰り返し、パリ協定が目指す脱炭素社会への道筋を討議している[注(28)]。気候市民会議では、政治・行政・研究者が連携し、市民が主役の議論が展開されているのである。また、ドイツでは二〇一一年には「安全なエネルギーに関する倫理委員会」を設け、二〇二二年までの脱原発を決定し、二〇一八年には「脱石炭委員会」（正式名称は「成長・構造改革・雇用委員会」）での議論で、二〇三八年までに石炭火力発電所を全廃する答申がまとめられた[注29]。いずれの委員会も政治家、産業界、労働組合、学者、環境NGO、地域の代表など多様な委員から構成され、透明性の高いプロセスを経て熟議が行なわれている。

日本のエネルギー・環境政策決定プロセスは、一部の産業界の影響力が極めて強く、国民参加や情報公開が不十分なまま、行政サイドと一部の産業界主導で政策や予算が決定され、その結果が国民に一方的に伝えられる傾向が強いことは否めない。このような政策決定プロセスの構造的な改革が、脱炭素で持続可能な社会への移行には不可欠である。

〔注〕

(1) Lauri Myllyvirta, "Analysis: Coronavirus temporarily reduced China's CO2 emissions by a quarter," Carbon Brief, 19 February 2020, https://www.carbonbrief.org/analysis-coronavirus-has-temporarily-reduced-chinas-co2-emissions-by-a-quarter.

(2) 気候変動の観測・予測及び影響評価統合レポート専門家委員会「気候変動の観測・予測及び影響評価統合レポート2018—日本の気候変動とその影響」、環境省・文部科学省・農林水産省・国土交通省・気象庁、二〇一八年二月、http://www.env.go.jp/earth/tekiou/report2018_full.pdf。

(3) 前掲「気候変動の観測・予測及び影響評価統合レポート2018」。

(4) German Watch, "Global Climate Risk Index 2020," https://germanwatch.org/en/17307.

(5) Christian Aid, "Counting the cost 2019: a year of climate breakdown," December 2019,

https://www.christianaid.org.uk/sites/default/files/2019-12/Counting-the-cost-2019-report-embargoed-27Dec19.pdf.

(6) Bank of England, "Quarterly Bulletin 2017 Q2," 2017, https://www.bankofengland.co.uk/-/media/boe/files/quarterly-bulletin/2017/the-banks-response-to-climate-change.pdf.

(7) Munich RE, 2020, https://www.munichre.com/topics-online/en/climate-change-and-natural-disasters/naturaldisasters/natural-disasters-of-2019-in-figures-tropical-cyclones-cause-highest-losses.html.

(8) 『自然エネルギー世界白書2018 ハイライト（日本語版）』、環境エネルギー政策研究所（ISEP）、二〇一八年一二月。原著は、Renewables 2018 Global Status Report, REN21, June 2018.

(9) European Commission, "The European Green Deal," https://ec.europa.eu/info/strategy/priorities-2019-2024/european-green-deal_en.

(10) 環境省「パリ協定に基づく成長戦略としての長期戦略」、令和元年六月一一日、閣議決定、https://www.env.go.jp/earth/earth/ondanka/mat1.pdf。

(11) Global Energy Monitor「活況と不況 2020—世界の石炭火力発電所の計画の追跡」、2020年、https://endcoal.org/wp-content/uploads/2020/03/BoomAndBust_2020_Japanese.pdf。

(12) World Bank Group, "Report of the High-Level Commission on Carbon Prices," May 2017, https://static1.squarespace.com/static/54ff9c5ce4b0a53decccfb4c/t/59b7f2409f8dce5316811916/1505227332748/CarbonPricing_FullReport.pdf.

(13) 環境省「地方公共団体における二〇五〇年二酸化炭素排出実質ゼロ表明の状況」（二〇二〇年四月1日現在）、https://www.env.go.jp/policy/zerocarbon.html。

(14) Japan Climate Initiative ウェブサイト、https://japanclimate.org.

(15) 「気候変動イニシアティブ（JCI）日本政府のNDC提出に対する末吉竹二郎JCI代表のコメント」、自然エネルギー財団、二〇二〇年三月三〇日、https://www.renewable-ei.org/activities/information/20200330.php。

(16) CDP（Carbon Disclosure Project）ウェブサイト、https://www.cdp.net/ja。

(17) Science Based Targets ウェブサイト、https://sciencebasedtargets.org/。

(18) RE100ウェブサイト、http://there100.org/。

(19) 環境省「『日本のNDC（国が決定する貢献）』の地球温暖化対策推進本部決定について」、令和二年三月三〇日、https://www.env.go.jp/press/107941.html。

(20) “Archive for 30 March 2020: Japan sticks to 2030 climate goals, accused of a ‘disappointing’ lack of ambition,” Climate Home News, 3 March 2020, https://www.climatechangenews.com/2020/03/30.

(21) Fiona Harvey, “Campaigners attack Japan’s ‘shameful’ climate plans release,” Guardian, 30 March 2020, https://www.theguardian.com/environment/2020/mar/30/.

(22) 世界の気候変動関係NGOのネットワークであるCAN（気候アクション・ネットワーク）が、COPなどの会議の会期中、各国の交渉に臨む姿勢を毎日評価し、地球温暖化防止交渉にマイナスな発言をした国などを「本日の化石賞」に選定し公表しているもの。

(23) 各国の気候変動パフォーマンスの評価は、「温室効果ガス（GHG）排出量」「再生可能エネルギー」「エネルギー使用」および「気候変動政策」の四つのカテゴリー中の一四指標を集計して行なわれる。CCPI, “CCPI 2020: Overall Results,” https://www.climate-change-performance-index.org/climate-change-performance-index-2020.

(24) 前掲「活況と不況2020—世界の石炭火力発電所の計画の追跡」。

(25) 同上。

(26) 未来のためのエネルギー転換研究グループ「原発ゼロ・エネルギー転換戦略—日本経済再生のためのエネルギー民主主義の確立へ」」、2019年。

(27) The European Green Deal（2019）, op. cit.

(28) フランスおよび英国の気候市民会議については、総括記録『シンポジウム「脱炭素トランジションと市民参加・熟議」報告—脱炭素社会構築に向けた欧州の試み・気候市民会議の開催』、二〇二〇年二月一四日参照、https://goope.akamaized.net/61503/200319124054-5e72e9c68f99d.pdf。

(29) ドイツの脱石炭委員会については、松下和夫「炭素中立社会へのトランジションと日本の課題」『計画行政』第42巻第4号（二〇一九年）参照。

環境旅の alubum

ニセコ町有馬記念館
（本文157頁）

奄美大島瀬戸内町旧節子小中学校
（本文148頁）

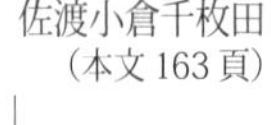

佐渡小倉千枚田
（本文163頁）

第2部　二十一世紀の新環境政策論

1 宇沢弘文教授の社会的共通資本論の意味

宇沢教授の足跡

宇沢教授は、一九五〇年代から六〇年代にかけ、米国の大学で活躍し、マクロ経済理論、動学的経済成長理論などの分野で世界的にも先駆的な数々の業績をあげられた。しかし六〇年代末に、ベトナム戦争に邁進する米国での生活に苦悩を覚え、日本への帰国を決意されたと話しておられた。ところが高度成長の華々しい成果を謳歌していたはずの日本に帰って、犯罪的ともいえる公害問題や自然の破壊の広がりを目の当たりにして驚愕されたのである。とりわけ歩道も整備せずにモータリゼーションが急激に進行し、子供たちが危険にさらされる姿に衝撃を受けられた。その衝撃を自らの学問的営為に反映し、自らが関わってきた新古典派経済学の枠組みを根本的に見直す作業に取り組み、社会的共通資本論の提唱に至ったのである。

近代経済学は、経済を人間の心から切り離して、ホモエコノミストと呼ばれる経済人（経済合理主義的に活動する個人）を前提にして構成されている。そして現実の文化的、歴史的、社会的な側面から切り離して、経済的な計算のみに基づいて行動する抽象的存在としての人間を対象とし、人の心について語ることは経済学ではタブーとなってしまっている。

宇沢先生はこのような経済学の現状を批判的に再構築し、一人ひとりの人間的な尊厳が守られ、魂の自立がはかられ、市民の基本的権利が最大限に確保できるような安定的な社会の具現化という根源的な命題の実現に取り組もうとしたのである。

宇沢教授は当時の理論経済学者には珍しく公害や自然破壊の現場に足を運ばれ、被害者や地域の人びとの声に真摯に耳を傾けられた。「経済学者は現場を見ず統計だけをみて、非現実的な仮定のものに数式やグラフを書く」との宇井純 さんなどの批判を誠実に受け止められた結果ではないかと私は推測している。

■宇沢教授の社会的共通資本論

宇沢教授は、気候変動問題などに対処する上での理論的な枠組みとして社会的共通資本の概念を提唱し、先駆的な業績をあげてきた。また、水俣病問題や成田空港問題の平和的解決などにも積極的に関与し、現代経済や文明に対する警鐘を鳴らし続けた。

宇沢教授によると、社会的共通資本は自然環境（山、森、川、海、大気など）、社会的インフラ（道路、公共交通機関、ガス、水道など）、制度資本（病院、学校、金融、司法など）の三つに大別され、一つの国ないし特定の地域が、豊かな経済生活を営み、すぐれた文化を展開し、人間的に魅力ある社会を持続的、安定的に維持することを可能にするような自然的・社会的装置を意味する。

それは社会全体の共通財産として、社会的基準にしたがって管理、運営されるものである。

社会的共通資本は、一人ひとりの市民の人間的尊厳を守り、魂の自立を保ち、市民的自由が最大限に確保できるような社会を具現化するものである。言い換えると、一つの国ないしは社会が、自然環境と調和し、すぐれた文化的水準を維持しながら、持続的なかたちで経済的活動を営み、安定的な社会を具現化するための社会的安定化装置といえる。その具体的な構成は先験的あるいは論理的基準にしたがって決められるものではなく、自然的、歴史的、文化的、経済的、社会的、技術的諸要因を充分配慮して決められる。

社会的共通資本は一般に、私有ないしは私的管理が認められない稀少資源から構成されるが、歴史的ないしは社会的経緯によって、私有ないしは私的管理の形態をとる場合も少なくない。宇沢教授は、社会的共通資本は所有形態にかかわらず、その管理、運営は官僚的基準で管理されてはならず、また、市場的基準によって大きく左右されてはならないと述べている。それぞれの社会的共通資本にかかわる職業的専門家集団によって、専門的知見と職業的倫理観にもとづいて管理、運営されなければならない、としているのである。

■自動車の社会的費用と地球温暖化対策

宇沢教授は「社会的共通資本」の概念に基づき公害問題に取り組み、一九七四年に『自動車の社会的費用』を著した。これは自動車を利用することによって、自然環境や社会的インフラストラクチャーという社会的共通資本がどれだけ汚染されたり、破壊されたりしているかという点に焦点をあて、自動車の社会的費用の算出を試みた。『自動車の社会的費用』は、ベストセラーとなり、日本社会に大きなインパクトを与えた。

地球温暖化に関しては、「比例的炭素税と大気安定化国際基金構想」を提唱している。実行可能な気候安定化政策として、世界的な炭素税の制度化を主張した。ただし、一律の炭素税を課すと、国際的公正の観点から問題があるばかりでなく、開発途上国の経済発展の芽を摘む危険があるとして、その国の一人当たりの国民所得に比例させる「比例的炭素税」を提案した。さらに、先進国と開発途上国の間の経済的格差をなくすために大気安定化国際基金の構想を提案したのである。

宇沢教授の比例的炭素税と大気安定化国際基金構想は、現実の政策としてはまだ受け入れられるに至っていない。

この背景には、現在の主権国家を基本とする国際社会においては、課税権は個別の国家にあることがある。中央集権的な世界政府が存在しない状況で、地球的な課題の解決に向け、国際的な課税を導入することは、国際社会にとって大きな難問である。ただし核の廃絶と同様に、それぞれの主権国家が合意すれば、国際的な課税も理論的には可能であり、こうした制度の実現に向けて粘り強い努力を続ける必要がある。

現実に超国家組織である欧州連合（EU）では、当初地球温暖化対策としてEU共通炭素税の導入を目指し、長年協議を続けたが合意に至らず、かわりにEU加盟国全体での排出量取引制度が導入される一方、それぞれの国では、温暖化対策税（または炭素税）や再生可能エネルギー導入促進策、政府と産業界の自主協定などを組み合わせた取り組みが行われている。

■社会的共通資本の今後

宇沢教授の提唱された「社会的共通資本」の概念は、政策の立案や選択のための重要な制度的、政策的分析の基盤を与えるとともに、新たな時代を切り開くパラダイムとなっている。しかしながら、実際に持続可能で安定した社会を実現するためには、それぞれの社会共通資本の管理の在り方について、今日の研究者・政策立案者が正面から取り組まなくてはならない。とりわけ地球温暖化問題をはじめとする社会的共通資本の具体的な管理や制度の設計は、研究者・実務家・政策立案者が真摯に取り組み、国民的合意を形成していくべき重要な課題である。

2 閉鎖系経済と持続可能な発展

宇沢教授がアメリカから日本に帰国された一九六〇年代末は、世界的には先進工業国を中心として産業公害の被害が顕著になった時期であった。イギリスやドイツからの越境大気汚染による酸性雨被害に悩んでいた北欧諸国、とりわけスウェーデンのイニシアティブによる最初の国連主催の環境会議(ストックホルム国連人間環境会議)が開催されたのは一九七二年のことであった。

その年にはローマクラブによる「成長の限界」という書物が出版され世界に衝撃を与えた。この本はローマクラブから委託を受けたMITのデニス・メドーがシステム・ダイナミックスの手法を用いて定量的な推計データに基づき警告を発したものであった。世界がこのまま経済成長を続けたならば、人口、食料、資源、汚染などの面で、人類社会は今後百年以内に制御不能な危機に陥る可能性があると指摘し、賛否両論を呼んだ。

閉鎖系経済との認識

実は、地球という有限の閉鎖系の中では、無限の経済成長は不可能であることは、米国の経済学者、ケネス・E・ボールディングがいち早く指摘している。

彼は一九六六年に「来たるべき宇宙船地球号の経済学」と題したエッセイを著し、その中で従来の経済学が無限に資源を利用できることを想定していることには無理があるとし、これを「カウボーイ経済」と呼んで批判した。「カウボーイ経済」とは、略奪と自然資源の破壊を繰り返し消費の最大化を目指す経済である。ボールディングは、「未来の『閉じた経済』は『宇宙飛行士経済』と呼ばれるべきだろう。地球は一個の宇宙船となり、無限の蓄えはどこにもなく、採掘するための場所も汚染するための場所もない。したがって、この経済の中では、人間は循環する生態系やシステム内にいることを理解する」と述べている。人工衛星から人類が初めて宇宙から地球をみた時代背景もあり、ボールディングの警告は、多くの人に現実感を伴った衝撃を与えた。だがそれによって現実の経済活動が大きく変わったかどうかは別問題である。

ボールディングはまた、「指数関数的な経済成長を信じているのは、狂人かエコノミストのどちらかだ」と述べたことでも知られている。指数関数的な経済成長とは、複利による増殖拡大であり、これは原理的・本質的に「永続不可能」であるというのである。ちなみに複利で経済成長が続くことは、１０％の成長率では七年で、７％の成長率では十年で経済規模が倍増することを意味し、3・5％の成長が百年続くと経済規模は三十倍以上となる。このようなことははたして可能だろうか。

グローバリゼーションと地球環境

ボールディングの指摘から約半世紀が経ったが、依然として世界のほとんどあらゆる国の政府や指導者は依然として「経済成長がすべての問題を解決する」との神話を信奉し、それが最大の関心事となっている。

むしろ今日では資本主義がグローバル化したことにより、国境という歯止めがなくなり地球環境の破壊はさらに加速している。一九八〇年代後半から急速に進行した経済面でのグローバリゼーションにより、貿易・資本投資・情報移動の加速化などによって地球規模での経済活動の一体化が進んだ。世界各地での人口増加とグローバリゼーションを背景とする経済活動の拡大によって、多様で複雑化した環境問題の深刻化が進んだのである。

このことは、ローカル、国、国境を越えたリージョナル、そしてグローバルなレベルのそれぞれで、経済活動がその基盤となる生態系の維持能力を越え、自然や人々の生活や健康にさまざまな被害をおこす事例が顕在化したことを意味する。さらに、ある国や企業の経済活動が国境を越えて他国や地球規模の環境に影響を及ぼす事例も増えている。

ボールディングの指摘が正鵠を得ているとするならば、現在の世界は狂人かエコノミストに満ち溢れていることになる。なぜこのようなことになったのだろうか。

ここで注意すべきは、「成長」と「発展」とが根本的に異なる概念であることである。GDP

の拡大が象徴するように、「成長」は量的な拡大を意味する。GDPは、経済活動に伴う資源の消耗・枯渇による社会的費用は無視し、環境汚染が起きた場合には汚染対策費用をプラスに計上する。一方、「発展」は質的な変化を伴うものであり必ずしも量的な拡大を意味しない。本来政策目標とすべきは、人々の厚生の持続可能な維持と発展である。しかもそれを閉鎖系の生態系という生命維持システムの中で達成することが求められているのである。

「持続可能な発展」と社会的共通資本論：継続的な社会変革の必要性

経済発展を環境的・社会的に持続可能なものにすることを意図して提唱されたのが、「持続可能な発展」である。持続可能な発展については、国連が設置したブルントラント委員会報告『地球の未来を守るために（Our Common Future）』（1987）において、「将来世代のニーズを損なうことなく、現在の世代のニーズを満たす開発」として定義されたのがよく知られている。この定義は経済開発が将来世代の発展の可能性を脅かしてはならないという世代間責任を明確にしたものである。持続可能な発展は、本来環境的・社会的・経済的な持続可能性を維持した発展を意味し、人々の生活の質的向上と生態系の持続可能性の維持を目的としていた。

この背景には、「経済成長と環境の保全は本来対立矛盾するものではなく、経済発展を環境的に持続可能なものにすることは十分可能である。さらに、世代内部と世代間での環境的・社会的な正義を実現することも可能だ。」との認識と期待があった。ところがその後の世界では、経済成長の持続のみに焦点がおかれ、環境問題に対しては経済成長維持を前提とした技術的・対症療法的なアプローチが重視されてきた傾向が強い。

ブルントラント報告においては、持続可能な発展につき、「資源の開発、投資の方向、技術開発の傾向、制度的な変革が現在および将来のニーズと調和の取れたものとなることを保証する変化の過程である」と述べられている。これは持続可能な発展が、社会の技術や制度と深く関わり、変化のプロセスに着目する必要を述べたものである。

この定義を敷衍すると、「持続可能な発展」とは、新しい環境社会像を提示すると同時に、そこに向けた不断の変革への政策プロセスを意図した環境思想であるといえる。換言すると、ブルントラント報告は、各国および国際社会が、その集合的な政治行為と政策によって、地球環境の限界を認識し、これまでの経済発展パターンを根本的に変えることを期待していたと理解すべきである。

持続可能な発展の思想は、ここで宇沢教授が提起された社会的共通資本の管理の在り方と深いかかわりがあることがわかる。

「持続可能な発展」の実現とは、高度産業社会の進展の中で生起している多様な環境問題を解決し、ポスト高度産業社会の「新しい環境社会像」を構想し、社会的公平性を確保するとともに、その実現に向け、制度、技術、資源利用、投資のあり方を継続的に変革し統合していくことを意味する。このことは社会システムそのもののイノベーション（革新）と、社会的共通資本の社会的な管理が求められていることを示すものである。

3 エコロジカル経済と持続可能性の指標

「持続可能な発展」を人々の生活の面から考えると、「現在から将来の人々の福祉（well-being）を長期にわたり維持・向上させることができるような発展」と言い換えることができる。

経済発展の在り方は、政策目標、指標、環境や資源の制約の捉え方、などの仮定により異なる。表1は現在の主流派経済モデル、グリーン経済モデル、エコロジカル経済モデルの基本的な特徴を対比したものだ。

主流派経済モデルの仮定は、地球環境と比べると、人口や人間の経済活動が比較的小さい時代に作られた。当時の経済発展の制約要因は人工資本（道路、工場、機械設備など）で、自然資本（大気、水、森林、天然資源など）はまだ豊富だった。人間活動が環境に与える「外部性」についてはあまり心配しなくても良かった。人間の福祉を改善する主な手段として国内総生産（GDP）の拡大に焦点を当て、市場で取引される商品とサービスの量を増やすことを目的とす

【表 1】主流派経済モデル、グリーン経済モデル、エコロジカル経済モデルの基本的な特徴

	主要な政策目標	主要な進捗の指標	規模／環境容量／環境の役割	経済効率／配分	政府の役割
主流派経済モデル	より多く。GDPで測定される経済成長。成長が究極的には他のすべての問題を解決すると仮定。	GDP	市場が新たな技術を通じてどのような資源制約も克服することができ、代替資源は常に存在すると仮定。	主要な関心。ただし一般的に市場の財およびサービス（GDP）と市場機構を対象。	政府の介入は最小化し民間と市場機構で置き換える
グリーン経済モデル	より多く、しかしより少ない環境影響で。炭素および他の物質・エネルギー影響から切り離されたGDPの成長。	依然GDP。ただし自然資本への影響を認識する。	認識しているが、ディカップリング（切り離し）により解決可能と仮定。	自然資本を包含することと、その価値を市場のインセンティブに組み入れる必要性を認識。	自然資本を内部化するための政府介入の必要性の認識
エコロジカル経済モデル	より良く。単なる成長から、成長には著しい負の副作用があることを認識し、持続可能な人間の福祉の向上という意味で、「発展」に焦点を移す必要がある。	持続可能な経済福祉指標（ISEW）、真の進歩指標（GPI）、その他改善された真の福祉指標。	生態的持続可能性の決定要因として主要な関心。自然資本と生態系サービスは無限の代替はできず、真の限界が存在する。	主要な関心。ただし市場および非市場財・サービスとその効果を含む。配分上の効率性向上のため、自然・社会資本の価値を組み入れる必要性を強調。	共有資産制度の新たな枠組みにおいて、政府は中心的な役割を果たす。

出典：State of the World 2014、Ch.11、Fig11-1 に基づき筆者整理

ることも妥当であった。

ところが今日の世界は、人間活動が拡大しインフラなどの人工資本があふれている。物質的な生産・消費量の増加により、地球環境は限界（惑星境界）に達している。現在の物的成長の拡大は、幸福と社会資本と自然資本に負の影響を及ぼすという意味で、すでに非生産的（不経済）であるか、いずれそうなるとの見方もできる。経済活動の目的が人間の幸福と生活の質を持続的に改善することで、物質的な消費とGDPは、そのための手段であることを改めて思い起こさなければならない。

表1の「グリーン経済」モデルは、主流派経済モデルにいくつかの政策的調整を加えることによって望ましい結果が得られると主張している。たとえば、炭素税や排出量取引の導入により二酸化炭素排出に価格をつけ、自然資本の減少に対して十分な価格をつけることである。また、自然資本への投資をより重点的に行うことも提唱している。外部経済の内部化を目指した政府の政策的介入によって、経済成長を続けながら、汚染や気候変動などの問題を解決できるとしている。

一方、「エコロジカル経済」モデルは、グリーン経済モデルが提唱する政策の多くは必要であると考えるが、それだけでは持続可能な人間の幸福を達成するに十分ではないとし、より根本的な変革（目的とパラダイムの変更）を主張している。

エコロジカル経済

エコロジカル経済のハーマン・デイリー（※1）は、「持続可能な発展」を環境の扶養力を超える成長を伴わない発展と定義した。ここでは「発展」とは質の改善、「成長」は量的拡大を意味する。GDP の拡大として定義される経済成長を、量的な構成要素（資源のスループット、資源を採取し経済活動に使用後、汚染物質または廃棄物として排出されるもの）の成長と、質的な構成要素（資源の効率性の改善）とに分解し、環境劣化の主要原因はスループット総量の成長にあり、スループットの減少ないし資源の効率性の改善が環境を救うと論じた。

人間の経済活動の規模は年々拡大するが、それはあくまで物質的には閉じた生態系からなる自然に依存し、無限の拡大はできない。発展が持続可能であるためには、経済活動の水準を、生態系システムが持続できる状態にとどめておかなくてはならない。

デイリーは、自然資本を再生可能および再生不可能な資源に分け、持続可能な発展を物質循環と生態系の側面から捉え、以下の三原則を提唱した。

①再生可能資源の利用速度は、その供給源の再生速度を超えてはならない。
②再生不可能資源の利用速度は、持続可能なペースで利用する再生可能な資源へ転換する速度を超えてはならない。
③汚染物質の排出速度は、環境が汚染物質を循環・吸収・無害化できる速度を超えてはなら

（※1）メリーランド大学教授、2014 年にブループラネット賞受賞。

ない。

現代社会は経済が生態系と比べると著しく肥大化し、自然資本が人工資本に比べ希少である。自然資本は人工資本では完全に代替はできないので、自然資本が経済発展の制約要因となっている。たとえば漁業用の高速船や高度技術が発達しても、魚類そのもののストックが減少すれば漁獲量を増やせない。

伝統的経済学では、①効率的資源配分と、②公正な所得配分を主要目標としたが、デイリーはそれに加え、③自然生態系の扶養力（環境容量）に基づく持続可能な（最適）経済規模の達成という政策目標を示した。自由主義的市場経済と分権的民主主義体制の下で、これらの政策目標を同時に達成することは一層困難となっている。

持続可能性の新たな指標

持続可能な発展の評価には、適切な指標が必要だ。ところが経済成長の指標として広く利用されているGDPは、短期的な経済変動をみるフローの指標で、必ずしも一般の人々の生活の豊かさとは連動していない。そのためGDPに代わる多くの指標が開発されてきた。中でも、パーサ・ダスグプタ（※2）らの「包括的富指標（IWI）」（新国富）が注目を集めている。

ダスグプタは、持続可能な発展を社会的福祉（生活の質）の持続的向上が実現する発展とし、

(※2) ケンブリッジ大学名誉教授。宇沢弘文教授の教え子の一人でもある。

ある社会の生産的基盤が人口一人当たりで見たときに縮小していない場合、その社会の発展は持続可能であるとする。生産的基盤とは、生活の質を作り出している社会の資本ストックとそれらを活用する制度の組み合わせだ。

現実にはGDP指標によって示される経済成長の過度な重視が、資源の過度な利用を招き、将来世代の発展の可能性を損なっている。このため長期的に持続可能な発展を計測するため、資本のストック（量）を重視したIWIを開発したのである。

IWIはGDPだけでは評価できない人々の福祉を評価し、それが将来世代にわたって維持されることを目指す指標だ。「包括的な富に関する報告書」は二〇一二年と二〇一四年に発表され、二〇一四年版では一四〇カ国を対象としてIWIの変化を考察している。その評価結果に基づき、自然資本と人的資本を向上させる政策（具体的には農地と森林、再生可能エネルギー、教育への投資の拡充）を提唱している。

IWIは、GDPやHDI（人間開発指数）のような所得に着目したフローの概念とは異なり、生産的基盤を形づくる資本資産というストックに基づき、持続可能性を定量的に評価するものだ。まだまだ改善の余地はあるが、今後の発展と政策への活用が期待される。

4 持続可能な発展のための環境政策

前節では、経済発展と持続可能性に関する三つの経済モデルを紹介した。以下にそれぞれの背景を簡単に補足しておく。

主流派経済は、現在の主流を占める経済の考え方で、新古典派総合とも称される。市場経済を基本とし、GDPに代表される経済の成長・拡大により、社会の多くの問題が解決できると考える。日本を含むほとんどの市場経済国はこの考え方に基づいている。

グリーン経済は、現在の市場経済を前提としながら、環境外部費用（社会的費用）の内部化などの市場への介入により、環境問題などに対処しようとする。国連の「リオ＋20会議」（二〇一二年）でも推奨され、OECD、UNEPなどが後押ししている。UNEPは、グリーン経済を、「環境と生態系へのリスクを大幅に減少させながら人々の厚生と社会的公正を改善する経済」と定義している。

エコロジカル経済は、持続可能な発展のためには現在の市場経済の根本的なパラダイムの転換が必要と考える。地球環境の扶養力の範囲内での経済の最適な規模と、定常経済を目指す。長らく異端の経済学とみなされてきたが、近年影響が広まっている。

経済成長をしながら環境汚染を減らす、ディカップリング

一九六〇年代から七〇年代にかけて深刻な産業公害を経験した日本は、その後の官民挙げての対策により、OECD の「日本の環境政策レビュー」[1]などでも産業公害対策においては優等生と評価されるまでになった。大気汚染の改善、自動車排気ガス規制、省エネ・公害対策技術の進展などの数々の輝かしい成果は国際的にも注目され、ドイツなどからも環境視察団が訪れるほどであった。

ドイツ・ベルリン自由大学のマーティン・イエニッケらは、その著『成功した環境政策』の実証研究の中で、一九七〇年代の日本の環境政策を成功事例として取り上げている。日本が七〇年代後半から八〇年代前半期まで、相当程度の経済成長を達成しつつ、エネルギー供給や硫黄酸化物などの汚染物質の排出量を著しく減少させたことを、経済成長と汚染の切り離し（ディカップリング）の顕著な事例として評価している。

この点についてはOECD の環境政策レビュー（九三 - 九四年）でも同様の評価がされている。経済成長と汚染の切り離しは、経済構造の変化、エネルギー効率の向上及び効果的な環境政策により達成された。この結果、日本の産業の競争力は全体としては悪影響を受けることがなく、自動車産業や公害防止機器産業などの部門では、むしろ環境対策によるメリットの方が大

1 OECD の環境政策レビューは、加盟国の専門家による日本の環境政策の客観的な評価を反映したものといえる。

きかったのである。

イエニッケは、エコロジー的近代化論を代表する研究者である。エコロジー的近代化論とは、持続可能な発展を近代化の新たな段階としてとらえ、近代化・合理化の帰結として発生した環境問題を、社会システムの政策革新によって解決しようとする思想であり、北欧諸国やオランダ・ドイツなどを中心とし、EUの政策に影響を与えている。エコロジー的近代化を実現する政策的な枠組みとして、環境規制の強化、環境税の導入、グリーン消費行動の促進、環境に配慮した技術革新の促進、積極的な環境外交の展開が提唱され、これらの政策実現のために、政府・企業・市民の間の合意形成が重要であるとしている。

たとえばドイツでは、九〇年代初頭から、環境分野への戦略的投資による技術革新、経済成長、雇用創出を目指す政策が導入されてきた。また、九九年のエコロジカル税制改革により、環境税の導入による財源を社会保障にあて、その分の年金保険料を引き下げる、「福祉政策と環境政策の統合」という斬新なアプローチをとっている。

成功は失敗のもと:「技術信奉」と「規制と補助金への依存」

産業公害対策では一定の成果を上げた日本だが、最近の地球環境問題などへの対応では立ち遅れが指摘されている。なぜだろうか。

「成功は失敗のもと」でもある。成功体験に安住すると制度が硬直化し、新たな問題への対応に柔軟性が欠けてしまう。一九八〇年代以降、環境問題の構造は変化し、都市・生活型公害の顕在化、オゾン層破壊や地球温暖化問題、そして生物多様性の保全などが注目を集めるようになった。これらの問題には、従来の規制や技術的対策だけではなく、社会構造の根本的な変革につながる社会的メカニズムや経済的インセンティブが必要である。

九〇年代にはいると日本の経済成長と汚染の相関の切り離し効果は頭打ちになる。九〇年代の日本の環境政策をレビューした二〇〇二年の OECD 報告書 では、「二酸化炭素の排出は GDP とほぼ同じ割合で増加するなど一九九〇年代に達成された相関の切り離しが不十分な分野もある。多くの汚染は絶対量で依然として増加傾向にあり、交通及びエネルギー使用に関して特に顕著である。」としている。

さらに二〇一〇年の OECD レビューでは、日本の環境政策のアプローチの特色として、産業界との交渉による合意が強調されていると述べ、環境政策の意思決定におけるより広範な公衆（ステークホールダー）の参加の必要性を指摘している。税制優遇や補助金などに頼る傾向をも指摘し、これらの手法は環境改善効果および経済的効率性の観点から再考されるべきであるとし、補助金の見直しと環境関連税制の拡充を勧告している。気候変動政策については、費用対効果の高い政策アプローチが必要とし、義務的なキャップ・アンド・トレード方式の排出量取引制度と、二酸化炭素排出の価格シグナルを広げるために、炭素税の導入を勧告している。

今後の日本での持続可能な環境政策とは

日本では二〇五〇年に向け急速な高齢化・人口減少が進み、地域社会の崩壊も警告されている。今後、環境への負荷を抑えながら、人々の厚生を持続的に維持・向上するのはどうすれば可能だろうか。

一つの答えは、低炭素型経済成長への転換である。産業革命以来の先進国を中心とした経済発展は化石燃料依存型成長であり、経済成長と化石燃料消費の深い関係（カップリング）が維持され今日に至っている。それに代わる発展モデルが低炭素型経済成長であり、化石燃料消費削減と CO_2 排出削減を実現しながら、人々の生活の質の維持と向上を実現させる。

低炭素型成長の鍵になる政策が、経済成長と化石燃料との密接な関係を引き離す（ディカップリング）政策であり、具体的には炭素税・排出量取引等の手段によって CO_2 の排出にはコストを負担させること（炭素の価格付け）である。

低炭素型成長には再生可能エネルギーの導入も大きな役割を果たす。再生可能エネルギーの導入により化石燃料の消費が抑制されれば、グローバルな観点からは温室効果ガス削減を通じた気候変動防止への貢献となる。国内エネルギー政策の観点からはエネルギー自給率の向上、化石燃料調達に伴う資金流出の抑制につながり、産業政策の観点からは産業の国際競争力強化に寄与する。そして地域振興の観点からは、地域の雇用創出・地域活性化・非常時のエネルギー確保などのメリットがある。その意義は多岐にわたり、再生可能エネルギーは、次世代に真に引き継ぐべき良質な社会資本といえる。

今後の日本では、さらに労働生産性と資源生産性を引き上げ、自然資本を維持する農林漁業、地場産業・観光産業、教育への投資を優先していくことが有効である。再生可能エネルギーや燃料電池車などのグリーン産業への投資による産業構造・ビジネススタイルの転換、福祉・教育・芸術等への投資によるライフスタイルの転換、さらにはゼロエネルギー住宅への転換を含む住宅投資とそれにより誘発される太陽光発電、家庭用コジェネレーション設備、家庭向けスマートメーターなどの普及によって、質が高く豊かで活力に富んだ社会を目指すことできる。

また、気候変動対策の推進とそれに伴うイノベーションの展開は、日本経済の基盤と国際的な競争力の強化にも繋がる。気候変動対策に先導的に取り組み、より省エネで省資源型の経済構造を構築することが、国際的低炭素市場での競争力をつけることになり、資源高騰による交易条件の悪化にも対処できる。低炭素という競争力をつけた企業は、拡大していく世界の低炭素市場でも優位な地位を確保し、発展途上国や新興国の低炭素社会づくりに寄与することが期待できる。

（本拙稿のより詳細な展開については、松下和夫「日本の持続可能な発展戦略の検討」、『環境経済・政策研究』Vol.7No.2、二〇一四年九月、参照）

5「カーボン・プライシング（炭素の価格付け）」を考える

宇沢弘文教授の追悼シンポジウムが二〇一六年三月一六日、国連大学ウ・タント国際会議場で開かれた。

このシンポジウムでは宇沢教授の教え子で、情報の非対称性の経済学に関する業績によって二〇〇一年にノーベル経済学賞を受賞したジョセフ・スティグリッツ・米コロンビア大学教授が基調講演を行った（筆者も報告者、パネリストとしてこのシンポジウムに参加した）。

スティグリッツ教授は著名な理論経済の研究者であるとともに、米国のクリントン政権下で大統領経済諮問委員会委員長として経済政策に関与し、その後世界銀行上級副総裁（チーフエコノミスト）として現実の開発途上国の開発問題にも深くかかわっている。その当時国際金融基金（IMF）が実施していた途上国に対して厳しい財政規律を求める構造調整策が、途上国の人々の生活を圧迫しているとして強く批判したことで知られている。その後グローバリゼーションの弊害や、米国における所得格差の拡大を実証的に明らかにし、さらに米国および多国籍企業主導で進められるTPP交渉にも批判的な立場を表明している。明晰な理論的分析に依拠しながらも、現実の経済・社会問題に根源的な立場で取り組む姿勢は宇沢弘文教授と共通している。

スティグリッツ教授は今回来日した三月一六日の午前中は、安倍首相の主催する「国際金融経済分析会合（第一回）」へ有識者として出席し、その午後に国連大学で講演を行った。講演のタイトルは「グローバリゼーションと地球の限界下における持続可能な社会と経済」である。教授はグローバルな課題である気候変動に取り組む衡平かつ現実的なアプローチとして、カーボン・プライシング（炭素の価格付け）を強調し、有志国連合による炭素税導入と国境調整税が有効とした。

本稿では、まずカーボン・プライシングとは何かを考え、その最近の世界的動向を概観するとともに、スティグリッツ教授の提案を紹介する。

カーボン・プライシングとは何か

カーボン・プライシングとは、炭素に価格を付けることだ。すなわち、気候変動の原因となる二酸化炭素（CO_2）による社会的外部費用（気候変動によるさまざまな被害など）を内部化するために、排出される炭素の量に応じて何らかの形で課金をすることである。このことによって、排出削減に対する経済的インセンティブを創り出し、気候変動への対応を促すことになる。炭素に価格がつくことによって、CO_2の排出者は排出を減らすか、排出の対価を支払うかを選択することになる。その結果、社会全体ではより柔軟かつ経済効率的にCO_2を削減できる。

炭素の価格の社会的・経済的に望ましい水準は、大気中のCO_2の蓄積が限界的に一単位増えたとき、その結果生じる大気の自然的恩恵、人間の経済的・社会的・文化的側面での価値の限界的減少を評価し、現在から将来の社会的割引率で割り引いた現在価値となる（宇沢（1995, 地球温暖化の経済学））。

カーボン・プライシングの具体的な手法には、炭素税（環境税）、排出量取引制度、などがある。カーボン・プライシングによって、低炭素技術への投資と市場の拡大へのインセンティブともなる。

世界銀行によると、二〇一五年一一月現在世界では約四〇か国と二三の都市が排出量取引制度や炭素税などカーボン・プライシングを実施しており、世界の排出量の約12％をカバーしている。既に実行されているもしくは計画中のカーボン・プライシング制度の数は二〇一二年以降倍増しており、その市場規模はおよそ500億米ドルに達する。近年は民間企業でも、企業の社会的責任を果たす目的や、将来の炭素課金を見越して、自主的に社内的なカーボン・プライシングを導入し、社内での経営や投資計画に活用する事例も増えている（CDPの調査によると世界の主要四三五社が社内的にカーボン・プライスをすでに導入済みで五三八社が二年以内に導入予定、CDP Report 2015 v.1.3/September 2015)。

パリ協定は2℃目標達成のための合意に失敗した

以下に、スティグリッツ教授の講演から引用する（引用は筆者の文責)。

「我々は地球の限界を超えた生活をしている。ところが昨年一二月にパリで開催されたCOP21は、国際社会のコンセンサスとなっている2℃目標を達成するための合意に失敗した。その主たる理由はアメリカの議会と気候変動否定論者にある。しかし、COP21は、気候変動への取り組みの勢いを生み出し、将来炭素に価格がつけられるとの信念によってより多くの企業が温室効果ガス削減の行動を起こすようになり、それがより強固な気候変動政策の基盤作りに資することによって重要な勝利を勝ち取ることができたかもしれないのである。

今後の真の挑戦は、気候変動に地球規模で衡平な方法で取り組むことである。大気は地球公共財であり、誰もが便益を享受したがるが、だれもその保全のコストを負担したがらない。なおかつ先進国と途上国では累積的および現在の排出責任に差異があり、しかも気候変動の被害は途上国に多く降りかかる。自主的な取り組みは成功しないのが通例だ。」

有志国連合による炭素税と国境調整税の導入、グリーンファンドの創設が必要

「ではどうすればよいか。大多数の経済学者は、カーボン・プライシングが排出削減に最善の方法であることに合意している。各国は、炭素税収入により他の税を軽減でき、社会全体の便益の低下を小さくできる（場合によっては便益を増やすことにもなる）。経済の基本原則は、よいこと（労働、投資など）よりは悪いこと（汚染物質、資源浪費など）に課税することである。炭素税を導入すると、その収入は国内にとどまり活用できる。

カーボン・プライシングを炭素税導入により実施する意思を持った有志国連合を形成し、それぞれの国で炭素税と国境調整税を導入すると、他の国にも有志連合に加入するインセンティブを生み出すことになる。ところがTPP（環太平洋パートナーシップ協定）は、加盟国がCO_2排出への規制やカーボン・プライシングを導入することを困難にする可能性がある。

先進国の炭素税収入の一部（たとえば２０％）を原資としてグリーンファンドを創設し、有志国連合に加わり国内でカーボン・プライシングを導入している途上国での緩和策と適応策の支援を行うことにより、差異のある責任を果たすことができる。」

ポリシー・ミックスが有効

スティグリッツ教授は、先進国に排出量を割り当てた京都議定書方式の取り組みの経験や、

これまでの排出量制度の経験を踏まえ、エコノミストとしてカーボン・プライシングの有用性を強調しつつ、現実的なアプローチとして、有志国連合による炭素税と国境調整税の導入、グリーンファンドの創設を提唱している。ただし、自動車の燃費規制や建物の断熱基準強化などの直接的規制や、固定価格買取制度による再生可能エネルギーへの支援、公共交通整備への投資、低炭素技術の開発と普及への支援などの「非カーボン・プライシング的手法」を決して排除しているものではない。むしろグリーン経済の推進と雇用創出手段として、それらの手段をカーボン・プライシングと組み合わせて各国の状況に応じて推進することを推奨している。カーボン・プライシングの現実的な導入・拡大を図るとともに、それ以外の気候変動対策手法とも適切に組み合わせることにより、より持続可能で低炭素な社会を構築していくことが望まれる。

6 ドイツのエネルギー転換

ドイツが世界で最も早く再生可能エネルギー（再生エネ）の固定価格買取制度（FIT）を導入して実績を挙げ、福島第一原発事故を契機として脱原発を加速し、経済発展をとげながら温室効果ガスの削減に成果を挙げていることはよく知られている。一方、ドイツはフランスから原子力発電の電力を輸入して脱原発をしている、FIT によって電力料金が上がった、石炭火力が増えている等々の誤った認識もある。

具体的なデータに基づきドイツのエネルギー転換を見てみよう。

ドイツのエネルギー転換とは何か

ドイツのエネルギー転換とは、原子力と化石燃料から脱却し、「再生可能エネルギー経済」への移行を目指す政策を指す。その目標は、気候変動防止、エネルギー輸入削減、グリーン・イノベーションと雇用の拡大を通じたグリーン経済促進、原子力発電のリスク削減と根絶、エネルギー安全保障、地域経済の強化と社会的公正の実現である。

ハインリッヒ・ベル財団では、「エネルギー転換:ドイツのエナギーヴェンデ」という報告書で、エネルギー転換を詳細に論じている。

①ドイツのエネルギー転換の到達点

ドイツでは一九九〇年代初めまで電源構成は日本と同様化石燃料と原子力が中心であった。しかも、他国に比べ再生エネ資源の賦存量は豊かではなかった。にもかかわらず現在は、再生エネで世界のトップランナーとなっている。

表2はエネルギー転換の目標と実績だ。ドイツではすでに一九九〇年比で温室効果ガスを27%削減し、電力消費に占める再生エネ比率を32・5%に増やし、最終エネルギー消費に

占める比率を13・7%としている。一次エネルギー消費の効率は、二〇〇八年比で7・3%改善している。今後長期目標達成に向け課題は残るが、各分野で顕著な実績を挙げている。

②脱原発政策

エネルギー転換の中核が脱原発だ。ドイツでは、二〇〇〇年に、社民党・緑の党連合政権下で、二〇二三年までにすべての原子力発電所の廃止が決定された。ところがメルケル首相は二〇一〇年九月に、既存原発の稼働期間を平均十二年延長する提案をした。これが、野党や市民団体の強力な反対運動を呼び起こし、さらに二〇一一年三月の福島原発事故後の反原発世論の高まりと地方選挙の敗北を受け、メルケル首相は、二〇二二年までに段階的に原発を停止するとの政策転換を余儀なくされた。二〇一一年七月には、原子力法改正案や再生エネ法改正案が成立し、国内一七基の原発を二〇二二年までに閉鎖することが決められた。

二〇一六年三月時点では原発八基が稼動しているが、これらも、具体的な停止日程が定められている。原発の閉鎖による電力不足分は再生エネ電力、天然ガス火力発電、電力消費の削減(効率改善と節電)、需要管理、残存する従来型発電所によって賄う計画である。

③固定価格買取制度(FIT)

再生エネの急速な拡大を促進したのが、FITである。

FITは一九九〇年代初頭から導入され、二〇〇〇年に制定された再生可能エネルギー法(EEG)

によって拡大強化された。EEGは、再生エネの系統への優先接続を規定し、投資家が、電力取引所の電力価格に関係なく、投資の見返りをもたらす十分な補償を受け取らなければならないと定めており、投資の安全性と手続きの簡便性などによって再生エネの拡大に寄与した。太陽光発電設備および風力発電所所有者は、系統へのアクセスを保証され、系統運用者は再生エネ電力の買い取りを義務付けられ、その結果従来の発電所は発電量を抑制せざるを得なくなる。

④エコロジー税制改革

一九九八年に、社民党と緑の党の連立政権は、エコロジー税制改革を導入した。これは環境税（エネルギーなどへの課税）の引き上げにより環境負荷を削減し、税収を年金財政補填として年金保険料の減額に充て、雇用コストの引き下げを通じて雇用促進をした。環境負荷削減と雇用促進の同時達成を目指す税制改革だ。エネルギー税率は二〇〇〇〜〇三年まで毎年引き上げられ、年金保険料率は毎年引き下げられた。ガソリン・ディーゼル税は、1リットル当たり毎年3・07ユーロセントずつ、五年間で15・35ユーロセントあがった。グリーン税制実施期間に、燃料消費が減少し、公共交通機関利用者数は増加、低燃費車販売も増えた。給与所得税は1・7％減少し、人件費負担が減り新たに二五万人の雇用が創出された。

エコロジー税制改革は、化石燃料消費など環境に有害な活動に対して増税し、税収は社会がよしとするもの（労働）のコストを削減するために使い、税収中立で増税ではない。この政策は、燃料消費を削減しながら雇用を創出し、ドイツ産業の国際競争力を高めた。

⑤ドイツは電力輸出国である

ドイツは従来から電力の純輸出国である。一週間で八基の原発を停止した二〇一一年にもそれは変わらなかった。二〇一二年には、フランスへの電力輸出も含めて輸出が最高レベルに達した。将来的にも、ドイツは十分な発電容量を継続的に追加し、電力の純輸出国であり続けるだろう。

⑥ドイツでは石炭の復興が起こっているのか？

二〇一三年の英国政府の研究では、ドイツの新規石炭火力発電所建設につき、「現在建設中のもの以外、当面の間、CO_2 対策なしの大型の新規石炭火力発電所プロジェクトはないだろう」と結論づけている。

実際、二〇一一年の福島第一原発事故後、脱原発を決定して以来、電力計画に石炭火力発電所は一切追加されていない。二〇一二年と二〇一三年に稼働を開始した発電所は二〇〇七～〇八年の好景気の結果で、エネルギー転換の結果ではない。

⑦ドイツは環境保護を進めつつ産業振興を図っている

エネルギー集約型産業は、再生エネ電力の賦課金を大幅免除され、再生エネが供給する安価

【表 2】2050 年に向けたエネルギー転換の目標と実績

	2014 年実績	2020 目標	2030 目標	2050 目標
1990 年比での温室効果ガス削減量	▲ 27%	▲ 40%	▲ 55%	▲ 80~95%
電力消費に占める再生エネ比率	32.5%(2015 年)	35%	50%	80%
最終エネルギー消費に占める再生エネ比率	13.7%	18%	30%	60%
1 次エネルギー消費効率 (2008 年比)	▲ 7.3%(2015 年)	▲ 20%		▲ 50%

出典 : Federal Government 2010, BMU/BMWi 2014, BMWi 2015, AGEE-Stat 2014, AGEB 2015, Agora 2016

な電力の恩恵を受けている。風力、太陽光、バイオガスなどの技術は、従来産業にもビジネスチャンスを与え、風力発電機メーカーは、自動車部門に次ぐ鉄鋼購入企業だ。太陽光部門は、ガラスやセラミックなどの産業を支え、農村はバイオマスだけでなく、風力や太陽光の恩恵も受けている。

⑧ FIT は電気料金上昇の主要因ではない

ドイツで再生エネが高いと思われる理由は、全コストの大半が EEG 賦課金として直接支払われるからだ。対照的に、石炭や原子力による発電に対する補助金は、税金で主に間接的に支払われてきた。実際、化石燃料と原子力は再生エネをはるかに上回る補助金を受けている。早期の再生エネ投資で、ドイツは多額の費用を負担したかもしれないが、将来も発展する技術の主要な提供者の地位も確立した。

二〇一五年のドイツ連邦経済エネルギー省による研究では、二〇一三年に再生エネによる電力と熱利用で回避したコストは正味９０億ユーロと算定され、エネルギー輸入への依存も徐々に減っている。

7 石炭からの撤退を先導する英国の気候変動政策

二〇一七年一一月に開催されたCOP23（気候変動枠組条約第２３回締約会議）は、パリ協定の実施指針作りに向け、地味ではあるが着実な成果を挙げたと評価されている。ただし多くの課題が残されている。たとえば、二〇二〇年へ向けた取り組みをどう強化するか、各国の目標と取り組みの強化（野心の向上）と実効性のあるタラノア対話（二〇一八年促進的対話）の実施、途上国に対する資金援助の確保などである。

パリ協定は二十一世紀後半に、地球全体での人為的な温室効果ガスの排出と吸収のバランス、すなわち純排出量ゼロを求めている。そのためには早急な温室効果ガス排出の大幅削減、とりわけ化石燃料使用の抑制が必要だ。そうした観点からCOP23における陰の重要テーマとなっていたのは、石炭利用からの撤退であった。

COP23に出席した中川環境大臣は、帰国後の報告会で、「二〇一八年度の早い段階で政府全体としての低炭素長期発展戦略の策定に取り組みたい」（二〇一七年一二月一日）と述べた。

パリ協定第四条では各国に低炭素長期発展戦略の策定を求めており、すでに英国を含むいくつかの国では策定済みである。筆者はCOP23の直前に来日した英国気候変動委員会委員長のバロネス・ブラウンさんから最近の英国気候変動政策の動向につき、詳しく伺う機会があった。英国気候変動委員会は、気候変動法に基づいて設置された英国の独立専門委員会で、カーボン・バジェットの設定等の気候変動対策に関する政府への助言や気候変動対策の進捗についての議会への報告を任務とする。英国はカナダとともに、COP23で石炭火力発電を早期に全廃し再生可能エネルギーへの移行を進める国際イニシアチブ（Powering Past Coal Alliance）設立のリーダーシップも取っている。

本稿では英国の気候変動政策の最近の動向と英国が先導する世界的な石炭からの撤退の動きを紹介したい。

英国の気候変動政策

英国では二〇一六年六月の国民投票の結果、EU離脱を決定した。その後就任したテレサ・メイ首相は従来のエネルギー・気候省を改組しビジネス・エネルギー・産業戦略省に統合した。当時の政治的混乱から、気候変動政策の優先順位の低下も危惧されたが、新政権発足直前の二〇一六年六月三〇日には、二〇三二年までにCO_2排出量を一九九〇年比で57％削減するとの目標が発表され、二〇一七年一〇月には、第五次カーボンバジェット（クリーン成長戦略）が発表された。これまでの実績やCOP23での石炭からの撤退を先導する英国でのポジションを見る限り、英国における気候変動政策の後退との観測は杞憂であったようである。

英国は、二〇〇八年に気候変動法を制定し、世界で初めて政府に温室効果ガス削減を法的に義務付けた。そして二〇五〇年に温室効果ガスの一九九〇年比８０％削減という法的拘束力のある数値目標を設定し、この目標を実現するためにカーボン・バジェット（Carbon Budget）制度を規定している。さらに気候変動法に基づく独立機関として「気候変動委員会」が設置され、政府への助言と二〇五〇年目標達成に向けた政府の取り組みのモニタリングを行っている。

英国の気候変動法は、主務大臣に対し、二〇五〇年の英国の純炭素排出量が一九九〇年のベースラインを少なくとも８０％下回るようにすること、そのために、①二〇〇八〜二〇一二年から始まる五年毎の英国国内のCO_2排出上限量（カーボンバジェット）を設定し、②予算期間中の英国のCO_2排出量がカーボンバジェットを上回らないようにする、を求めている。

【表1】英国気候変動法における2050年目標達成への枠組

目標	2050年目標（80％削減）
道筋	カーボンバジェット
ツールキット	政府の政策推進
モニタリングの枠組み	気候変動委員会によるモニタリング

表2】英国のカーボンバジェットと主要な施策

009 年	低炭素移行計画：The Low Carbon Transition Plan
011 年 12 月	炭素計画 : The Carbon Plan（CB4：第 4 次カーボンバジェット）
017 年 10 月	クリーン成長戦略： The Clean Growth Strategy （CB5：第 5 次カーボンバジェット）
三要施策	EU レベル排出量取引制度（EU-ETS）、気候変動税（CCL）、気候変動協定 (CCA)、CO2 排出量価格下限値（CPF）設定、差金決済取引による低炭素電源の固定価格買取制度 (FIT-CfD)、新設火力発電所排出性能基準等

カーボン・バジェット制度は、二〇五〇年までの道筋を示すため、五年ごとの三期間（15年分）の温室効果ガスの排出量について英国政府に策定を義務付けた排出キャップである。これにより、英国の産業界と社会に二〇五〇年の80％削減に向けた低炭素経済の促進と費用効果の高い削減経路について明確な方向性を与えることができる。最初の三期間のカーボンバジェットは、気候変動委員会の助言を得て、二〇〇九年五月に設定され、二〇一一年六月には第四次のカーボンバジェット、そして二〇一七年一〇月には「クリーン成長戦略」が第五次カーボンバジェットとして公表された。

カーボンバジェット達成のための主要施策としては、EUレベルの排出量取引制度（EU-ETS）、気候変動税と気候変動協定の実施、CO_2排出量価格の下限値の設定、差金決済取引を用いた低炭素電源の固定価格買取制度、新設の火力発電所への排出性能基準の設定などが導入され、これらの施策により、第一次から三次までのカーボンバジェットは達成される見込みである。

第五次カーボンバジェットに基づく二〇五〇年までの道筋は図1の

通りである。クリーン成長戦略によると、第四次または第五次カーボンバジェットの達成には現行政策では不十分であり、政策ギャップを埋めるためのイノベーションの役割が強調されている。

英国は現在世界最大の洋上風力発電容量を誇り、その発電価格も急速に低下している。気候変動委員会では二〇二〇年代初期には洋上風力発電はおそらく「補助金ゼロ」となると見通している。電力部門の脱炭素も進展し、とりわけ CO_2 排出量価格の下限値設定（二〇一三年トン当たり9ポンド、二〇一五年トン当たり18ポンド）と、新設の火力発電所の排出性能基準が石炭使用の削減に寄与した。また、埋立税（landfill tax）の引き上げが、廃棄物の埋立地からのメタン排出削減に寄与した。

英国政府は二〇一五年一一月に英国内の石炭火力発電所を二〇二五年までに原則全廃すること、そして二〇一七年七月には、ガソリン車とディーゼル車の新規販売を二〇四〇年から禁止すると発表している。

今後EUとの離脱交渉の結果によりEU-ETSの枠組みの変更など不確定な要素はあるものの、英国はこれまでのところ他のG7諸国よりも高い経済成長を遂げながら、温室効果ガスの削減をより早く削減することに成功している（図2参照）。気候変動法に基づく法的拘束力のある目標の設定、その実現を担保するカーボンバジェットをはじめとする、さまざまな政策手

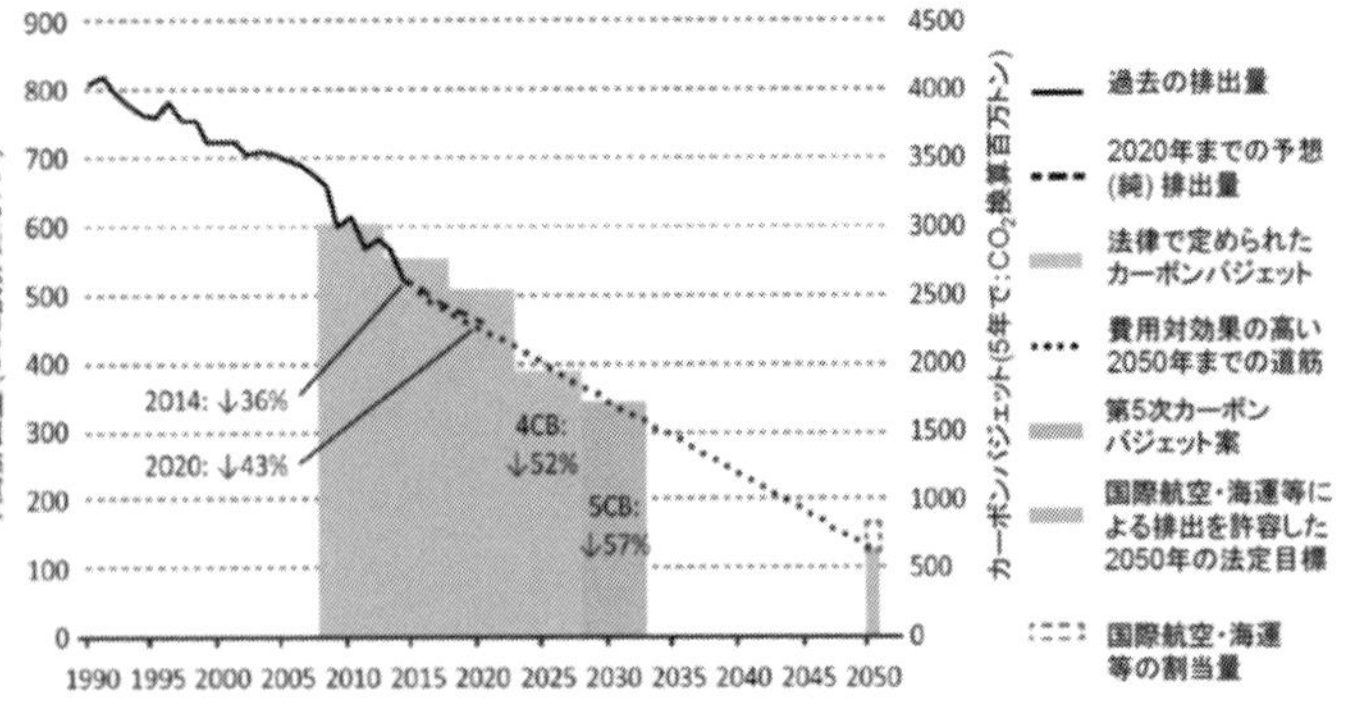

図1：英国のカーボンバジェット（CO2 排出上限量）と2050 年までの道筋
（出典：英国気候変動委員会）

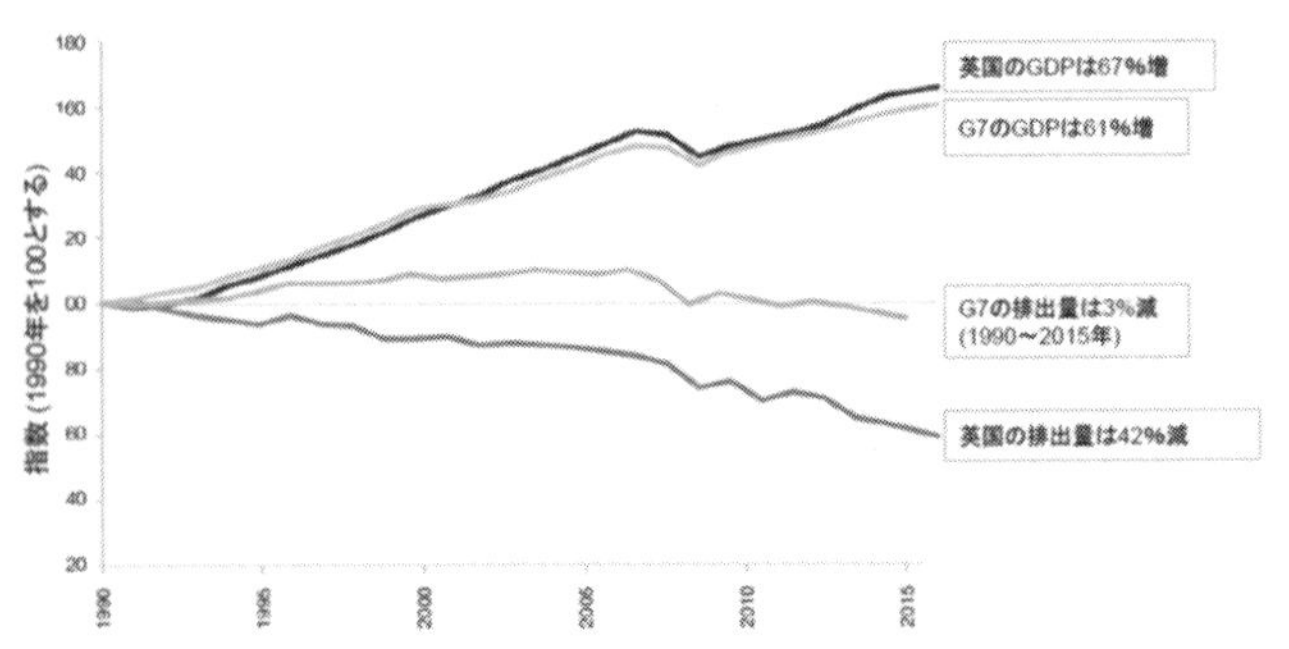

図2：英国は経済成長を達成しつつG7 よりも早く排出量を削減（出典：英国気候変動委員会）

法とインセンティブの導入が、英国の着実な気候変動政策を支えてきたと評価できる。

「石炭火力の廃止を目指す脱石炭発電連合（PPCA）」の発足

COP23では石炭火力発電に対する圧力が高まった。ブルームバーグ元NY市長は、「パリ協定を批准する先進国は二〇三〇年までに脱石炭火力することが責務」と述べ、トゥビアナ元仏気候変動特別代表は「化石燃料の活用を議論することは十九世紀に逆戻りするようなもの」と発言している。国内外で石炭火力発電所の新増設を推進しようとする日本の姿勢も厳しく問われた。

COP23中の二〇一七年一一月一六日、英国政府とカナダ政府は石炭火力発電を早期に全廃し再生可能エネルギーへの移行を進める国際イニシアチブを発表した。すでに二七の中央政府や州政府が参加しており、企業やNGOにも参加を求めている。COP24までに加盟国を五〇に拡大する目標を掲げているが、日本は保留している。

Powering Past Coal Allianceに参加する政府は、既存の石炭火力発電を早期に全廃し、炭素回収・貯蔵（CCS）設備を設置していない石炭火力発電の新設を停止することにコミットしなければならない。また参加企業とNGOは、石炭火力発電を電源とする電力以外で事業をしなければならない。さらに全ての参加者は政府政策や企業方針及び投資を通じて再生可能エネルギーを支持し、CCS設備を設置していない石炭火力発電への投融資を制限しなければならない。今後具体的な取組事例と最良慣行を共有し、具体的なイニシアチブを進めていくこととしている。

十九世紀に石炭を利用した産業革命発祥の地である英国が石炭時代の終焉の旗を振るのは、歴史の偶然のめぐり合わせだろうか。

8 Society 5.0は脱炭素社会に寄与できるか

二〇一五年に国連で採択された気候変動に関するパリ協定と持続可能な開発目標（SDGs）は、私たちが目指すべき地球社会のビジョンを示したものだ。その意味で私たちはパリ協定とSDGsの時代に生きているといえる。基本的人権にもとづく社会的な基盤を構成するSDGsを達成しながら、パリ協定が示す脱炭素社会への移行を実現していくことが求められている。

それは、二〇五〇年を見通したエネルギー転換・脱炭素化への挑戦であり、人々の経済的厚生の維持・向上と、温室効果ガスの国内での大幅削減、そして世界全体の削減への貢献の同時達成を意味する。まさに環境と経済的厚生の向上の好循環を達成することだ。

Society 5.0とは何か

そのようななかで、最近「Society 5.0」という言葉をしばしば耳にするようになった。Society 5.0とは何だろうか。これは第五期科学技術基本計画（二〇一六年一月）において我が国が目指すべき未来社会の姿として初めて提唱されたもので、「サイバー空間（仮想空間）とフィジカル空間（現実空間）を高度に融合させたシステムにより、経済発展と社会的課題の解決を両立する、人間中心の社会」とされている。

これだけではわかりにくいが、環境とのかかわりで考えると次のようになる。ICT（情報コミュニケーション技術）、IoT（もののインターネット）、AI（人工知能）などに代表される第四次産業革命の成果をフルに活用し、資源・エネルギー生産性を向上させると、同じサービスの提供に要する資源・エネルギーの投入を大幅に低減させることができるので、人々の厚生（幸せ）を損なうことなく、低炭素さらには脱炭素の社会を目指すことができる可能性がある。

「未来投資戦略2018」（平成三〇年六月一五日）ではさらに以下のように記述されている。

「第四次産業革命の社会実装によって、現場のデジタル化と生産性向上を徹底的に進め、日本の強みとリソースを最大活用して、誰もが活躍でき、人口減少・高齢化、エネルギー・環境制約など様々な社会課題を解決できる、日本ならではの持続可能でインクルーシブな経済社会システムである「Society 5.0」を実現するとともに、これによりSDGsの達成に寄与する。」

「第四次産業革命の新たな技術革新は、人間の能力を飛躍的に拡張する技術（頭脳としてのAI、筋肉としてのロボット、神経としてのIoT）。豊富なリアルデータを活用して、従来の大量生産・大量消費型のモノ・サービスの提供ではない、個別化された製品やサービスの提供により、様々な社会課題を解決でき、大きな付加価値を生むもの。これにより、これまでは実現困難で遠い将来の夢と思われていたことが視野に入り、手に届きそうなところまで来ており、経済社会のあらゆる場面で、大きな可能性とチャンスを生む新たな展開、「Society 5.0」の実現が期待される。」

さらに「Society 5.0」の実現に向けて今後取り組む重点分野と、変革の牽引力となる「フラッグシップ・プロジェクト」の中で、エネルギー・環境分野で新たに講ずべき具体的施策として以下の項目が挙げられている。

「未来投資戦略 2018」におけるエネルギー・環境施策

(i) エネルギー転換・脱炭素化に向けたイノベーションの推進

(ii) IoT、AI 等を活用したエネルギー・環境関連ビジネスの革新

① IoT、AI、ブロックチェーン等を活用した高度なエネルギー・マネジメントの推進

② デジタル技術の活用による 3R ビジネスの革新

③ イノベーションを活用した資源安全保障の強化

(iii) 地域のエネルギーシステム最適化等と環境保全
① 地産地消型エネルギーシステムの構築等
② 福島新エネ社会構想の推進
③ 気候変動への適応の推進
(iv) エネルギー・環境産業の国際展開

Society 5.0と脱炭素社会、その可能性

Society 5.0が描く社会は、第四次産業革命の成果を活用して生産性を向上させ、同じサービスの提供に要する資源・エネルギーの投入を低減させることによって、低炭素・脱炭素の社会を目指すものだ。

具体的には、①二〇五〇年を見据え、デジタル技術を活用したエネルギー制御、蓄電、水素利用などのエネルギー転換・脱炭素化に向けた技術開発、②情報開示や金融機関・投資家との対話・理解を通じたESG投資の促進、③電気自動車、燃料電池自動車等次世代自動車の普及の推進、④脱炭素化に貢献する我が国の技術・製品を国際展開によって世界全体のエネルギー転換・脱炭素化を牽引していく、などが挙げられている。

さらに、蓄電池や電気自動車、ネガワットなどの分散型エネルギーリソースを活用した次世

代の調整力であるバーチャルパワープラントの事業化、利用可能なエネルギーリソースの拡大、制御技術の高度化等に向けた実証、制度整備等の推進も提唱されている。

Society 5.0と脱炭素社会を結びつけるもの：適切な規制とカーボン・プライシング

Society 5.0はシェアリングエコノミー（共有経済）の進展ともあいまって、人々の生活の豊かさを向上させながら、脱炭素社会が実現できる可能性を示しているように思われる。心躍る新たな未来が垣間見られるようだ。

しかしながらそこに落とし穴はないだろうか。低炭素製品や低炭素サービスが普及し、デジタル技術により時間や資金・資源が節約できたとしても、それが新たな大量消費・大量移動等につながれば、個別の低炭素化効果は打ち消されるのではないか。これはいわゆるリバウンド効果である。はたして利潤を求める市場の動向と自主的な技術開発に任せておけば脱炭素な未来が開けるのであろうか。脱炭素で公平で包摂的で人々が豊かに暮らせる「私たちの共通の未来」に関する明確で野心的な目標と、脱炭素への取り組みを促す市場への適切なインセンティブの付与が必要ではないだろうか。

安倍首相は、「もはや環境対策はコストではなく、競争力の源泉である」と述べている（未来投資会議、二〇一八年六月四日）。だが現実には事業者にとって環境対策は依然としてコストであり、そのコストを上回る見返り（便益）が得られないと事業者は環境対策には取り組めない。日本で依然として石炭火力の建設が計画されるのは、二酸化炭素排出に伴う社会的費用が十分反映されていないことも一因であろう。炭素の価格付け（カーボン・プライシング）が求められるゆえんである。

二〇一八年にノーベル経済学賞を受賞したウイリアム・ノールドハウスは、その著『気候カジノ：経済学から見た地球温暖化問題の最適解』のなかで次のように述べている。

「気候変動の経済は非常にシンプルだ。我々は化石燃料を燃焼させ、大気中に二酸化炭素を排出している。これがさまざまな将来の悪影響につながっていく。こうしたプロセスは二酸化炭素を排出した人がその権限と引き換えに対価を支払うことも、被害を受けた人が代償を受けることもなく発生する「外部性」だ。経済学が教えてくれる一つの重大な教訓は、規制のない市場は負の外部性にうまく対処できないということだ。規制のない市場では、二酸化炭素という外部費用に価格が設定されていないため、大量の二酸化炭素が排出される。地球温暖化は、地球規模である上に、将来にわたって影響を及ぼすという点で、非常に厄介な外部性である。」（同書 10 頁）

「人類は地球を危機に陥れている。しかし今やっていることを元に戻すことはできる。しかも、我々が地球温暖化の現実的な脅威を受け入れ、二酸化炭素の排出にペナルティーを科す経済的仕組み（筆者注：炭素税や排出量取引制度）を導入し、低炭素技術の開発に力を入れれば、それは比較的低いコストで実現できる。こうした取り組みを進めることによって、我々はこのかけがえのない星を守り、未来に残すことができるのである。」（同書407頁）

パリ協定の求める脱炭素社会の実現には、Society 5.0、とりわけ第四次産業革命の成果の活用が極めて重要で、その潜在的可能性は大きい。しかしそれが効果を発揮するためには、科学的知見に基づく脱炭素社会に向けた野心的な目標（数値目標）の設定と段階的達成期限の明示、目標達成に向けた進捗状況に関する透明性のあるデータの公開、そして社会的費用を内部化するための経済的インセンティブ（炭素税など）の導入が不可欠なのである。

9 SDGs経営はビジネスを変えるか

SDGs（持続可能な開発目標）は、二〇一五年九月に国連総会で採択された二〇三〇年に向けた環境・経済・社会についての世界の目標である。同年一二月に採択された「パリ協定」と相まって、国際社会のビジョンを示し世界を大きく変える「道しるべ」となっている。とりわけビジネスの世界では、経営リスクを回避し、新たなビジネスチャンスを獲得して持続可能性を追求するためのツールとして注目を集めている。

パリ協定とSDGs：産業界の動向

パリ協定は、二〇二〇年以降の温室効果ガス排出削減等のための国際枠組みであり、産業革命前と比べて気温上昇を2℃よりも十分低く、さらには1.5℃以内に抑えることを目指す目標を掲げている。これは、二十一世紀後半には温室効果ガス排出をネット（排出量と吸収量差し引き）でゼロにし、現在の経済社会の脱炭素社会への大転換、そして究極的には化石燃料依存文明からの脱却を意味する。

一方、SDGsは、二〇一五年が最終目標年となっていたMDGs（ミレニアム開発目標）を引き継ぎ、経済発展、社会的包摂、環境保全の三側面に統合的対応を求める二〇三〇年を年限とする一七のゴール（国際目標）を設定している。

産業界でも、日本経済団体連合会では、二〇一七年一一月、会員企業に向けた行動指針「企業行動憲章」にSDGsの理念を取り入れた改定を行い、SDGsに示されている社会的課題の解決に企業も積極的に取り組むことを促している。また会員企業が自社だけでなく多様な組織との協働を通じ、持続可能な社会の実現に向けて行動することを推奨している。

日本化学工業協会では、二〇一七年五月に化学産業SDGsビジョンを策定し、革新的技術・製品・問題解決力を生かし、更なる発展に向けた事業活動と持続可能な開発への貢献の両立を目指している。

SDGsが提起する新たなビジネスの在り方

一九九〇年代以降、気候変動をはじめとした環境問題への取り組みが企業に求められるようになり、「企業の社会的責任（CSR）」という用語が一般的になった。最近では、企業経営を経済性・社会性・環境性の三つの視点から考えることが企業の持続可能性に必要であるとの認識から、投資の意思決定においてそれらを重視する「ESG（環境・社会・ガバナンス）投資」が広がっている。

二〇一五年のSDGsとパリ協定の採択によって、持続可能な社会に向けた企業の役割はますます大きくなり、特に経営リスク回避と新たなビジネスチャンス獲得による持続可能性を追求するツールとして、SDGsの活用が注目を集めている。

SDGsは、今やビジネスの世界での「共通言語」になり、そのゴールを達成するために、個別企業でも取り組みが広がっている。特に、世界展開する大企業では、バリューチェーン全体の見直しを始めており、関連サプライヤーにも影響が広がる。SDGsの普及とともに、市場や取引先からのニーズとして、SDGsへの対応が求められ、投資条件として、収益のみでなく、SDGsへの取り組みも評価される時代になっている。

SDGsの活用により広がるビジネスの可能性

企業を持続可能なものとするためには、環境の持続可能性を意識した取り組みの実践が必須だ。事業活動が環境に与える影響を把握することで、潜在的リスクを把握し、新たなビジネスチャンスを見つけることもできる。例えば、気候変動や生物多様性の損失は、リスクであると同時に、他社との差異化を図りビジネスチャンスにつなげる機会でもある。SDGsは、社会が抱える課題を包括的に網羅しており、企業はリスクとチャンスに気付くためのツールとして用い、SDGsへの取り組みで、リスクをチャンスに変えることができる。

企業は消費者を含めたさまざまなステークホルダーと連携し、SDGsの実現に向けた積極的な取り組みの実施により、目標達成への貢献が期待されている。すでに取り組みを始めている企業では、CSR報告書においてSDGsと自社事業の関連性について言及するなど、具体的な活動を始めている。

SDGsは市場に変化をもたらし、SDGsを無視した事業や活動は長期的に成り立たない。SDGsのゴールやターゲットの達成の模索はイノベーション促進の可能性を持っている。SDGsはグローバルな取り組みだけでなく、企業の事業そのもの、日常業務における節電や節水、社員の福利厚生など、企業活動すべてとつながっている。SDGsのゴールとターゲットから、自社の取り組みとのつながりを確認し、そこから、自社の強みを改めて見直し、SDGsに示され

図　SDGsの活用によって広がる可能性
出典：「SDGs活用ガイド」（環境省、2018）

SDGs活用ガイド
SDGsへの取組をアピールすることで、多くの人に「この会社は信用できる」、「この会社で働いてみたい」という印象を与え、より、**多様性に富んだ人材確保**にもつながるなど、企業にとってプラスの効果をもたらします。

社会の課題への対応
SDGsには社会が抱えている様々な課題が網羅されていて、今の社会が必要としていることが詰まっています。これらの課題への対応は、**経営リスクの回避**とともに**社会への貢献**や**地域での信頼獲得**にもつながります。

生存戦略になる
取引先のニーズの変化や新興国の台頭など、企業の生存競争はますます激しくなっています。今後は、SDGsへの対応がビジネスにおける**取引条件**になる可能性もあり、**持続可能な経営を行う戦略**として活用できます。

新たな事業機会の創出
取組をきっかけに、地域との連携、新しい取引先や事業パートナーの獲得、新たな事業の創出など、今までになかった**イノベーションやパートナーシップを生む**ことにつながります。

た課題を解決する潜在能力に気付くことができる。また、持続可能な会社にするためには、今の社会のニーズだけでなく将来のニーズも満たすような事業展開が必要だ。

企業がSDGsに取り組むステップ

企業がSDGsに取り組むステップとしては、「SDGs Compass」（2016）を参照できる。これは以下のステップで、SDGsにアプローチする段階を紹介している。

①SDGsの理解：SDGsについて社員が知る。
②優先課題決定：自社の事業のバリューチェーンを作成し、SDGsの一七の課題にプラス／マイナスの影響を与えている可能性が高い領域を特定し、事業機会や事業リスクを把握。
③目標設定：目標におけるKPI（主要業績評

価指標）の設定。

④経営への統合：設定した目標や取り組みを自社の中核事業に統合し、ターゲットをあらゆる部門に取り込む。

⑤報告とコミュニケーション：SDGs に関する進捗状況を定期的にステークホルダーに報告し、コミュニケーションを行う。

おわりに

二〇一九年九月には SDGs 採択後初めて国連で進捗を評価し、課題を検討する首脳会合が開かれる予定であり、SDGs のさらなる広がりが期待される。今後企業が SDGs に取り組む際には、以下の視点が重要だ。

企業は SDGs をビジネスの芽として捉え、事業の強化、拡大、さらには新しい事業展開をし、社会貢献にとどまらず、本業を通じた SDGs への貢献（すなわち「SDGs の本業化」）が求められている。持続可能な社会の構築には、中核的事業と併せて、市場環境を整備するための取り組みや、社会貢献性の強い事業に関わる活動を進めることも重要だ。

こうした活動がコストではなく投資と見なされるためには、野心的な中長期の経営計画や戦略の中に SDGs の要素が組み込まれていることが必要だ。さらには会社の存在意義を示す企業理念に根差した企業活動とSDGsが結び付くと、社会の中での役割がより明確になり、社員の仕事への強いコミットメントも生まれる。また、経営トップのリーダーシップ、社内外での対話とパートナーシップ、企業理念に立ち返ることが本業化を進める鍵である。

10 気候正義とエコロジカルシチズンシップ

二〇一九年のオックスフォード英語辞典は'climate emergency'（気候の緊急事態）をこの年の最重要語として宣言した。スウェーデンの若き環境活動家、グレタ・トゥーンベリさんは二〇一九年九月の国連気候サミットでの演説で次のように訴えた。

「あなた方は私たちの未来を奪っています。もし私たち若者を裏切るなら、私たちはあなた方を絶対に許しません。沢山の人が苦しみ、死にかかっています。生態系全体も崩壊しつつあります。あなた方はお金のことや経済成長が永遠に続くかのようなおとぎ話しかしていません。もう三十年以上も、科学は明確に(危機を)伝えてきました。あなた方はそれを顧みようとせず、必要な解決策は未だ見えてこないのに、自分たちはもう十分対応しているなどと言うとは、なんと無神経なのでしょう。」

実は閉鎖系としての地球の中で、無限の経済成長が不可能であることはすでに五十年以上前に、アメリカの著名な経済学者ケネス・ボールディングが、「来たるべき宇宙船地球号の経済学」（1966）と題した論文で警告している。彼は『宇宙飛行士経済』を提唱し、「地球は一個の宇宙船。無限の蓄えはどこにもなく、採掘するための場所も汚染するための場所もない。したがって、この経済の中では、人間は循環する生態系やシステム内にいることを理解する」と指摘している。そして「指数関数的な経済成長を信じているのは、狂人かエコノミストのどちらかだ」と喝破したことでも知られている。

ところが現在でも、物質経済は際限なく成長を続けることが可能で、経済成長がすべての問題を解決するとの神話は依然として健在だ。むしろ「今だけ、金だけ、自分だけ」の短期的利益追求型のむき出しの新自由主義的経済活動がますます主流となっている。本来は地球環境の持続可能性という制約の中で、人々の基本的人権が守られ、人間的な生活（厚生）を持続して維持し発展できる社会の構築こそが望まれるのである。

グローバリゼーションと地球環境

グレタさんは将来世代に対する私たちの世代の責任を強調した。地球環境問題のもう一つの課題は、気候正義と称される世代内の格差解消と公平性確保だ。

地球環境の破壊と世界各地の地域共同体の崩壊を加速しているのがグローバリゼーションの

進展である。グローバリゼーションとは、貿易・投資・情報移動の加速化などによって地球規模での経済的な一体化が進むことを指す。グローバリゼーションを特徴付けるのは、相互依存関係や情報化、ネットワーク化である。これらは中立的な響きだが、実はグローバリゼーションの恩恵を享受することができた企業や地域（「グローバル化している者」）がある一方、その恩恵に浴せず、むしろ生活基盤やセーフティーネットとしての地域共同体が損なわれ自然資源が急速に劣化している地域（人々）（「グローバル化された者」）がある。

その背景をユルゲン・トリッテン（元ドイツ連邦環境相）は次のように述べる。「地球は国際取引の競技場と化した。そこには地球環境の有限性に目を向ける、十分な競技ルールや決定権を持つ審判は存在しなかった。そこには強者の権利だけが優勢であった。」「グローバリゼーションは、競争の結果でもなければ、市場への参加者に平等な機会が与えられた結果生み出されたものでもない。むしろより強者の立場（にある国や機関）の補助金制度によって生まれたものである。」

「グローバル化している者」と「グローバル化された者」の対比に示されるグローバリゼーションの特徴は、ヴァンダナ・シヴァ（インドの環境活動家）が言うように、グローバリゼーションの構造の非対称性にある。すなわち、「グローバルな環境構造は北の選択肢を増大させる一方、南の選択肢を狭めている。グローバルな勢力範囲を通じて、北は南の中に存在するが、南はそうした勢力範囲を持たないために、それ自体の中でしか存在し得ない。北はグローバルに存在しうる一方、南は地域的にしか存在し得ない」。空間と時間がボーダーレス化し、多国籍企業や金融業が空間を自由に移動することができるようになったことにより、地域住民、農林業者あるいは地域の労働者のような特定地域に拘束されている人々は、より激しい競争圧力にさらされることとなったのである。

気候変動問題はグローバル化による影響が非対称的に現れる典型的な例である。グローバル化した国（主として先進国）における国民の日常の経済活動が、経済的にも環境的にも脆弱な他の国（例えば太平洋の島しょ国）の環境と生活に様々な影響を及ぼす。先進国の大量の化石燃料使用が、気候変動の主な原因となり、遠い国の人々の生活に悪影響を及ぼすことは、グローバリゼーションの非対称性を端的に示している。

エコロジカルシチズンシップ：市民の権利と義務

アンドリュー・ドブソンは『シチズンシップと環境』で、「エコロジカルシチズンシップ」の概念を提唱している。個々人が自己利益の最大化を目指す「利己的合理的主体」であると想定すると、持続可能性に向けた行動変化を促すには、経済的なインセンティブを設けることが効果的となる。

ドブソンはエコロジカルな市民は経済的インセンティブに単に表面的に反応するのではなく、エコロジカルな価値や目的にコミットしたいという思い、すなわち持続可能性という理念に共感して行動するとしている。ドブソンによると、利己的合理的主体モデルに基づく経済的なインセンティブという手法の機能には限界があり、「消費者は、彼らが負担するインセンティブの基本的原理に思いを寄せ、それを理解したり、関わろうとしたりせず、うわべのシグナルに反応しようとするだけである」とし、「他方、エコロジカルな市民は、その理念に関わろうと努め」ているとしている。そしてそのような市民の行動を説明する概念としてエコロジカルシチズンシップを提唱しているのである。

ドブソンが国境の概念を取り払った義務や責任のよりどころとしたのは、ワケナゲルなどが提唱したエコロジカル・フットプリントの概念である。エコロジカル・フットプリントは、人間活動により消費される資源量を分析・評価し、人間活動の自然環境への依存度を、主として自然資源の消費量を土地面積で表すことにより、定量的に伝える指標である。ドブソンは、エコロジカル・フットプリントという物質代謝的概念を介して、シチズンシップを「国際的かつ世代間の広がりを持ったシチズンシップである一方、その責任は非対称的である。」ことを示そうとしたのである。

ドブソンの提唱するエコロジカルシチズンシップは、グローバル化した環境問題に対する市民の義務に関する一つの倫理的な説明としての意味を持ち、特に、国際条約で各国の責務を議論する際の衡平性概念と気候正義のひとつの論拠を提供するものとなっている。

ドブソンは「エコロジカルシチズンシップは社会が自らをより持続可能にする資源のひとつである」と述べている。環境問題をシチズンシップという枠組みを通してみると、権利と責任があり、その義務の重要な一部が、持続可能な社会の仕組みを構築していくために働きかけ貢献していくことである。すなわち、市民の環境保全の責任は、自らの行動を環境配慮型にすることにとどまらず、社会的共通資本である良好な環境を管理するルール作りに積極的に関与し、必要な規制や経済的インセンティブなどの政策形成を通して、持続可能な社会を構築していくことにもあるのだ。

国民の権利と義務を調整し、社会の方向を変える政策を決定するのは最終的には国の役割である。国の政策形成を受動的に受け止めるだけでは、市民は傍観者的な役割でしかない。しかしながら、エコロジカルシチズンシップに立脚した市民は、社会をより持続可能にするために働きかける能動的な気候正義を実現する主体であり、社会の仕組みを変革していく可能性を持っている。彼らは直接的な利害関係が相反し、合意形成が困難である制度変革に対しても、持続可能性の実現という観点からその受容性が高いであろう。これがドブソンの「エコロジカルシチズンシップは社会が自らをより持続可能にする資源のひとつである」ということの意味である。

11 持続性と幸福の指標―ブータンのGNHを事例として

1 はじめに

地球サミットから二十周年を記念して二〇一二年六月にリオデジャネイロで開催された「リオ＋２０」会議において、「持続可能な開発目標」（SDG）が、国連の「ミレニアム開発目標」（MDG 二〇一五年が目標年度）の後継的意味合いを持つ統合的なものとして制定を目指すことが合意された。MDG は途上国の貧困や飲料水・食料・教育など人間開発指標に関する目標である。これに対しSDG はすべての国を対象とし、より包括的である。また、GDP(国内総生産)にかかわる持続可能な開発の測定指標の必要性も多くの国から支持されている。SDG は今後世界の各地域を代表する三〇人の有識者によるワーキンググループでオープンな検討が進められ、二〇一三年の国連総会に報告される。

経済活動指標であるGDP が、人々の厚生の指標としては種々の欠陥があることはつとに指摘されているところである。たとえば森林伐採や交通事故・公害などもGDP 上はプラスにカウントされる。一方持続可能な開発の推進については二十年前のリオ・サミット以来国際社会で合意されているが、実際の政策に適用する際に何をその目標とするか、どのような指標を用いるか、などについては十分な検討とコンセンサスが進んでいなかった。

持続可能な開発目標の検討が合意された背景の一つに、ヒマラヤの麓に位置する小国ブータンが果たしてきた役割がある。ブータンは「リオ＋２０」会議の準備過程で、各国が望む未来に「幸福の追求」を盛り込むことを積極的に働きかけた。そして二〇一一年夏の国連総会で「幸福の追求を国際および国内的な大切な望み」とする拘束力のない決議が採択された注(1)。

日本でも二〇一一年秋のブータン国王夫妻の来日によってよく知られるようになったが、ブータンではGDPに代わる国の目標として、GNH（国民総幸福）を掲げ、しかもそれを現実の行政における政策統合の指針として生かしている。本稿ではブータンのGNHの由来と実際を紹介し、さらにブータン王国自体の持続可能性の課題について検討する。

２ ブータンはどんな国か

ブータンはチベット仏教を事実上の国教とし、人口は約六八万人（二〇一〇年ブータン政府発表、京都市の約半分）の国である。面積は国ではスイス、日本国内では九州とほぼ同じで3万8千平方キロメートルで、北は中国、南はインドに国境を接している。中国とインドという巨大な国に挟まれ、地政学的には微妙な位置にある。現在北の中国との国境は閉鎖し、インドと経済的にも政治的にも密接な関係を結んでいる。

南のインド国境は海抜２００㍍の熱帯ジャングル、北には７０００㍍級のヒマラヤ山脈をひかえる急峻な山国で、ヒマラヤの氷河の融水やアジア・モンスーンがもたらす大量の雨を受けた水が、国土を流れ、険しい国土が形作られてきた。

ブータン王国が成立したのは一九〇七年であり、現在のジグメ・ケサル・ナムゲル・ワンチュク国王は第五代である。

３ ブータンのGNH

ブータンが国際的に注目されるようになったきっかけには、一九七六年に当時の第四代ジグミ・シンゲ・ワンチュク国王が、スリランカで開かれた非同盟諸国会議後の記者会見で「GNH（国民総幸福）はGNPより重要」と述べたことにある。当時の若き国王がこのような発言をした背景には、目指すべき国の姿について大いに悩み、国内各地を訪ね多くの人々との対話を重ねる中でたどり着いた一つの考えがある。それは、国民が望むものはつきつめれば幸せであるというものである。その定義は人によって異なるが、それは物質のみでは得られず、最低限の物質的豊かさに加え、家族や地域社会のきずな、人と自然の和、国民が共有できる歴史、文化が大事であり、これらをワンチュク国王はGNPにかわるGNHと表現したのである注⑵。

国民の幸せの向上が政治や行政の重要な目的であることに異議を唱える人は少ないであろう。しかし現実には、日本を含め世界のほとんどの国の政府は、その実際的かつ優先的な政策目的を、経済の量的拡大と成長の加速においている。ブータンは、それは目的ではないと断言しているのである。すなわち経済成長は国民が幸せを追求するための手段のひとつにすぎず、いたずらに経済成長の速度を求めず、人の和を大切にする経済成長の質がより重要であるとしているのである注(3)。

しかし幸せの実現という目標を、いかにして現実の政治や行政の仕組みに反映できるだろうか。ブータンでは GNH をスローガンにとどめず、実現のための指標を開発し具体的な政策評価のプロセスを行政の中に制度化する取り組みを進めている。

GNH と整合性のとれた国家開発戦略と法政策は第四代国王の時代（1972-2008）に発展した。第四代国王は「幸福」が良い発展と良い社会の指標であると信じていたのである。しかも GNH の指標や目標設定に当たっては、民主的プロセス、すなわち国民との対話と熟議を重視した。そしてそのようなプロセスを経て二〇〇八年には議会制民主主義を基調とするブータン憲法が発布されるに至ったのである。

4 ブータンにおけるGNH（国民総幸福）の根拠と実践

二〇〇八年の憲法第九条二項では、「政府の役割は、GNHを追求できるような諸条件の整備に努めることにある」と明記している。

ではGNHは実際どのような役割を果たしているのだろうか。

GNHコミッションによると、GNHは哲学であり、経済理論であり、実際的な政策上の目的である[注(4)]。

伝統文化と近代科学を融合する哲学としてのGNHは、開発の優先順位の転換につながり、経済理論としてのGNHは、GDP批判を展開し、人々の精神的・物理的・社会的厚生の向上を量的・質的に重視している。政策上の目的としてのGNHは、持続可能な発展を達成するための詳細な優先順位と手段を明示している。

ブータン国家環境戦略における持続可能な発展の定義は、「独自の文化的統合と歴史的遺産、そして生活の質を将来の世代が失わないように今日の発展と環境を維持する政策的意思と国家的能力」とされている[注(5)]。GNHと「持続可能な発展」の概念はきわめて親和性が高いことが理解できる。ワンチュク現国王は、その演説で、「GNHは、優しさ、平等、思いやりという基本的な価値観と経済的成長の追求の架け橋となると信じています」と表現している[注(6)]。

GNHは「表1」の様な、①持続可能で公平な社会経済的発展、②環境保全、③文化振興、

④よい統治の四つの柱からなる。

【表1】 GNHの四つの柱

四つの柱	主な内容
持続可能で公平な社会経済的発展	持続可能な農業（国民の過半が農民）、医療費・教育費無料化（国民の健康向上と教育の平等な普及）、道路等のインフラ整備
環境保全	森林保全の数値目標（6割以上。法制化）、森林伐採許可制、世界初の禁煙国家
文化と伝統の維持・振興	民族衣装、伝統建築（様式を規定、伝統を守る）、地域コミュニティ、家族のつながりの奨励
よいガバナンス（政治）	民主的選挙、地方分権

（出典：各種資料より筆者整理）

これらはさらに次の九つの領域に分けられている。①生活水準、②健康、③教育、④生態学的健全性、⑤文化、⑥心理的幸福、⑦ワーク・ライフ・バランス（時間の使い方）、⑧地域の活力、⑨よき統治。

ブータンのGNHは国際社会からも注目を集め、五回にわたり国際フォーラムが開催されている。OECD、オーストラリア、カナダ、中国、オランダ、タイ、イギリス、フランス、ブラジルでも関心が高まり、多くの取り組みが進められている。日本でも二〇一一年一二月、内閣府が幸福度を測る一三二の指標の試案を発表している注(7)。

なかでもフランスの前サルコジ大統領は、ノーベル経済学賞受賞者であるスティグリッツやセンなどにGDP指標を再検討する研究を委嘱し、その結果（通称スティグリッツ報告）を二〇〇九年に公表している注(8)。「表2」はこの報告における生活の質指標、さらにMDGおよびHDIと、ブータンのGNHの九領域を比較したものである。共通する指標が多いものの、ブータンのGNHでは文化と精神性、地域の活力などが特記されている。

【表2】ブータンのGHN9領域と生活の質指標（スティグリッツ報告）、MDG、HDI

ブータンのGNHの9領域	Stiglits-Sen-Fitoussi（スティグリッツ報告）	ミレニアム開発目標（MDG）	人間開発指標（HDI）（狭義）
・健康	・健康	・極度の貧困と飢餓の撲滅	・平均余命
・教育	・教育	・普遍的な初等教育の達成	・教育
・物的生活水準	・経済的保障	・ジェンダー平等の達成と女性の地位向上	・GDP
・時間の使い方	・個人的保障	・乳幼児死亡率の削減	
・ガバナンス	・時間のバランス	・妊産婦の健康状態の改善	
・地域の活力	・ガバナンス	・HIV/エイズ、マラリア、その他の疾病の蔓延防止	
・生態学的多様性	・環境	・環境の持続性の確保	
・文化と精神性	・生活の質の主観的尺度		
・主観的幸福度			

【図 1】GNH による政策アセスメントのフロー

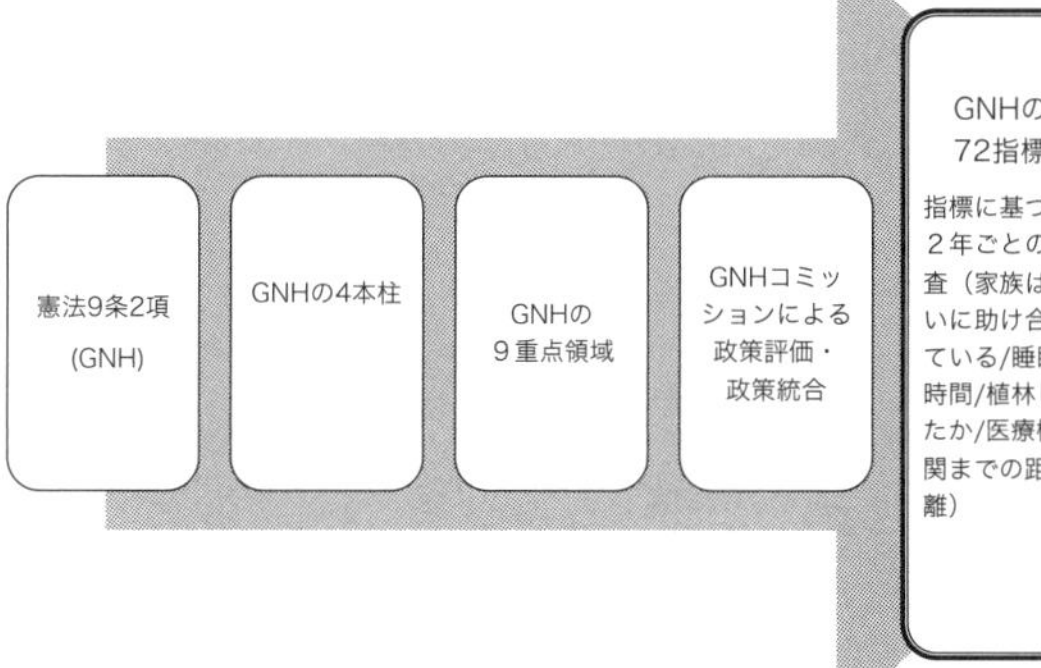

ブータンはGNHの九領域に基づき七二の指標によって構成されるGNH指標（GNH Index）を確立した。指標を開発した理由は、GNHの理念を政策プログラムに転化するためには一定の尺度で測定する必要があるためである[注(9)]。GNHの考え方に基づき、政策の優先順位が再評価され、GDPにかわって人々の精神的・物理的・社会的厚生の向上を量的・質的に評価する指標が開発されている。

GNHの生態学的多様性とレジリエンスの側面は、仏教以前の自然崇拝の文化に加え、仏教の教えである相互依存とすべての生き物とその多様性に対する畏敬の念に根差している。GNHは過去の遺産と現代科学から強みを引き出し、伝統と近代を結合し、そして近代的な制度と法律を補完するコミュニティに基礎をおく自然資源管理の促進を目指している。

ブータンでは二年ごとにこれらの指標に基づく調査が

【表3】ブータン方式（出典：各種資料より筆者整理）

- ●伝統文化の保存
- ●環境に優しい生活
- ●観光税方式による外貨収入（観光客数限定、一人一日約200~290米ドル徴収、その30%を観光税として政府に）
- ●水力発電電力からの輸出収入（対インド：国家収入の45%
- ●海外からの援助（大国からの援助は避ける）
- ●公平な分配
- ●伝統文化、環境、公平な分配と整合性のとれた開発
- ● GDPよりGNH

実施され、その結果が公表され、それが公共政策や資源配分のあり方の改善に生かされている。二〇〇五年の国勢調査では、ブータン国民の９７％が「幸せ」と回答していることがよく知られている。また、新たな政策が導入される前に、それがGNHの目的と適合しているかどうかを審査する手続きが確立され、首相直属のGNHコミッションが持続可能な発展を達成する詳細な優先順位と手段を明示し、個々の政策評価と政策統合を行っている注(10)。GNHが持続可能な発展のための政策統合の実践ツールとして生かされているのである。

ブータンでは第四代国王在位中に社会のあらゆる分野で未曾有の進歩を遂げた注(11)。国連の人間開発指数では、低度人間開発国から中度開発国へ移行し、所得も最貧国から中所得国になった。しかもこの向上は文化的・社会的・政治的・生態学的な犠牲はなく、むしろ改善しながら達成したのである。この間の進歩は、「表３」の「ブータン方式」とも呼ぶべき開発方式で達成された。

5 ブータンの人間開発指標とMDG 目標

人間開発指標は、平均余命指数、教育指数、およびGDP 指数の三つの指標の平均から計算される指数である。

過去十年間、ブータンでは水力発電への集中的な投資と経済社会インフラの拡大により、年率8％以上の経済成長を達成してきた。しかもこれを自然環境や文化的環境への悪影響を最小限にして実現してきたことが注目される。

二〇〇一年から二〇〇九年までにGDP は三倍以上（200億ニュルタム（BTN）注(12)から610億BTN）に拡大し、インフレは6％以下に抑えてきた。人間開発指数が二〇〇五年の0・559から二〇〇八年には0・627に大幅に改善したことにより、低度人間開発国から中度人間開発国に地位が向上している。

人間開発指数の向上は、実質所得の増加のみならず、貧困削減や就学率の向上、母子死亡率の大幅な低下、安全な水や衛生設備へのアクセスを改善したことなど、すべての社会指標の改善が寄与している。

二〇〇七年にはブータンのHDI は、一八二か国中一三二位であった。二〇〇五年から二〇一〇年の間、経済は年平均8・7％成長し、インフレ率は7％に抑えられた。同時期に平均余命は66・3歳から68・9歳に伸び、成人の識字率は一九九四年の45％が二〇〇七年には55・5％

に向上した注⒀。

ブータンはMDG目標年の二〇一五年までに貧困層を半減するとの目標に向かって大きな進展を遂げ、二〇〇三年から二〇〇七年までの四年間に所得貧困率を8・5％ポイント下げる目標は達成見込みである。清浄な飲料水へのアクセス、就学生徒の男女比の改善、伝染病の蔓延防止、ブータンの自然資源の保護と管理などほとんどのMDG目標が改善されており、目標達成の見通しが立っている。

しかしながらいくつかの課題が残されている。UNDP(2011)によると、ブータンでは貧困削減は進んだものの、依然としてブータン人の四人に一人は貧困層である。母子死亡率は下がっているものの、子供たちの三人に一人は慢性的な栄養失調である。また、MDG目標達成と人間開発の成果を、最後に取り残された最も貧困で限界地域にあるコミュニティの家族と共に享受できるようにすることがブータン社会の課題である。さらに、都市住民を中心として享受されている経済発展の果実と人間開発の成果も、実際にはぜい弱な基盤の上にある。なぜならば今後の気候変動の影響から予測される水不足や、洪水などの異常気象の頻発に対して極めて脆弱でありリスクにさらされているからである注⒁。

6 ブータンの経済

ブータン経済はかなりいびつである。ブータンの一人当たり国民所得は1920米ドル（世界銀行、二〇一〇年）で低中所得国に分類されている。ただし国民の65％以上が自給自足農家であり、そのほとんどが市場経済ではカウントされていない。国民の大多数が農家であるものの、耕作可能地は国土のわずか7・7％で、食料の自給率は低い。主食であるコメの自給率も50％にとどまっている。

ブータン農業の最大の課題のひとつが野生生物による農作物被害である。国連食糧農業機関（FAO）によると、イノシシによる作物被害の貨幣価値は毎年1億1200万BTNにのぼる[注⒂]。ブータンの農民は仏教の教えから野生生物の殺傷はしない。実際筆者が二〇一一年三月にブータン調査に訪れた際にも、農水省関係者から野生生物被害の有効な対策の日本からの助言を真剣に求められたところである。

水力発電がブータンの国家収入の45％、GDPの19％を占めている[注⒃]。ブータンの水力発電の理論的ポテンシャルは30,000KWと推計され、そのうち23,765MWが技術的経済的に開発可能であるとされている[注⒄]。ブータン政府では二〇二〇年までに10,000KWの水力発電所を建設する目標を立てている。現在エネルギー源としてはバイオマス（薪炭材）がエネルギー総消費量の太宗を占め91％となっている。

水力発電に加え、観光と海外からの援助が国の主たる収入源となっている。「表4」は海外からの経済協力の実績である。ブータンは外国からの援助に強い自立性を保ち、日本・インドを除くといわゆる大国からの援助は受け入れていない。また、現在二四か国およびEUと外交関係を持っているが、国連安保常任理事国とは外交関係を有していない[注(18)]。

【表4】海外からの経済協力の実績（支出純額ベース、単位：百万ドル）

暦年	1位	2位	3位	4位
2005年	デンマーク 17.93	日本 16.80	オランダ 8.37	スイス 5.17
2006年	日本 20.84	デンマーク 13.78	スイス 5.83	オランダ 4.69
2007年	日本 18.07	デンマーク 12.55	スイス 5.37	オーストリア 1.63
2008年	日本 20.34	デンマーク 13.77	スイス 3.15	オランダ 3.69

出典：外務省（2011）「政府開発援助国別データブック」

ブータン経済のもう一つの課題は都市と農村の格差である。都市住民と農村住民の所得格差は比較的大きく、その結果貧困は主として農村地域の現象である。国民全体では23・2％が貧困層であるが、都市では住民のわずか1・7％であるのに対し、農村では30・9％が貧困層である[注(19)]。

7 ブータンの環境政策

ブータンでは二〇〇八年に施行された憲法で、国土の60％を森林として永遠に保全するこ

【表5】ブータンの森林

森林のタイプ	面積（㎢）	国土面積の中の割合(%)
広葉樹林	13,260	34.5
混交針葉樹林	4,523	11.8
モミ林	3,132	8.2
広葉・針葉樹林	1,598	4.2
ヒマラヤアオマツ林	1,199	3.1
ヒマラヤマツ林	1,006	2.6
低木林	3,457	9.0
森林合計	28,176	73.4

出典：Royal Society for Protection of Nature (2010), “Bhtan's Natural Heritage”

とを定めている。すでに国土の51・4％は保護区ないし生態系回廊システムに指定されている。特に森林の28％を占める北部森林地帯は、その生物多様性が豊富なことから、「緑の宝石」と名付けられている。これらの森林は、地域に貴重な生態系サービスを提供するとともに、現在国家収入の45％を占める水力発電を支える主要河川の水源ともなっている。これら河川はインドなど近隣地域とブータンを結ぶ回廊ともなっている注(20)。

ブータンでは加工されていない丸太輸出は禁止されている。今日ではブータンの森林面積は73％となり、生物多様性の宝庫となっている（表5）。

ブータンは二〇〇九年にデンマークのコペンハーゲンで開催された第一五回気候変動枠組条約締約国会議（COP15）において、国として未来永劫にカーボン・ニュートラル（二酸化炭素(CO_2)の純排出量ゼロ）を維持することを将来世代への約束として宣言した。現在ブータンは豊富な森林が大気中のCO_2を吸収していることから世界的にも稀なCO_2の純吸収国となっており、年間4771

ギガグラムの CO_2 を吸収している（CO_2 換算）。ただし一人当たり CO_2 排出量は一九九〇年から二〇〇〇年の間に三倍になっている。

一方ブータンは、国際社会に対してこのようなブータンの決意に報いる仕組みを構築し、ブータンが適切な排出削減策と適応策をとれるよう支援を求めている[注(21)]。

8 懸念される気候変動の影響と氷河湖の崩壊

ブータンは気候変動による影響を最も受けやすい国の一つである。

ヒマラヤ山脈は南極・北極に次いで氷河の大きさと量から第三の極と称されている。しかし過去五十年間で永久雪のラインは100メートル上昇し、氷河は毎年10～60メートル後退している[注(22)]。氷河湖崩壊による洪水も懸念され、ブータンの25の氷河湖は着実に拡大し、崩壊リスクが高まっている。また、地球温暖化の進行によりモンスーン雨量の増加が予測されるものの、降雨日数は減少し、異常気象の増加が予測されている[注(23)]。

二十世紀には、ヒマラヤのブータン、中国、ネパールで少なくとも三五件の氷河湖崩壊が起こっている。なかでも一九九四年一〇月にブータンで起こった氷河湖崩壊は多大な被害を与えた。プナカから90キロ上流で起こった氷河湖崩壊は二〇一〇年においても地域に未だに被害の爪痕を残しているという[注(24)]。ブータンには二六七四の氷河湖があると推計されており、その面積は

107平方㌔に及ぶ。一九九〇年代には氷河の後退は年間15～20㍍であったが、二〇〇四年から二〇〇六年の間は、35～40㍍に加速している。湖と地形の状況からブータンの二五の氷河湖が潜在的に崩壊の危険性がある。最も危険性の高い湖（Thorthormi tsho湖）は、地球環境ファシリティ（GEF）の資金を得て人工的に水位を2・23㍍下げることによりリスクの低減が図られた注(25)。

9 ブータンの持続可能性が直面するもの

ブータンは現代の秘境でも桃源郷でもない。大変険しい山国で、国全体が日本の感覚では過疎地である。鉄道はなく、輸送手段は徒歩と道路交通のみである。道路の整備と維持管理には莫大な労力とコストがかかる。政府は国民に電力の供給を約束している。豊富な水力発電に恵まれているとはいえ、三千メートル級の山々を越えた送電網の整備は容易ではない。

ブータンの指導層は、厳しい国際環境と自然条件の下で賢明な将来の選択をすべく知恵を絞っている。国が開放されたのはごく最近であるにもかかわらず、世界の最先端知を鋭敏に吸収しながらも巧みにグローバリゼーションへの選択的対応を行っている。

観光客の制限的受け入れもその一例である。ブータン観光はすべて事前登録が必要で、国が認定したガイドが付き、行き先が指定されている。ヒマラヤ登山は宗教的な理由もあり受け入れず、環境に与える影響を最小限に抑えている。

しかし限られた知見からも課題が山積していることが窺われる。

第一はブータン経済の特異性とその基盤がぜい弱なことである。ブータンの国家収入の45%は水力発電の売電収入である。これに観光と海外からの援助が国の主たる収入源となっている。


国土の高低差と豊富な水量を活用した水力発電は、再生可能でクリーンなエネルギーとして長期的に利用できる可能性が期待されている。水力発電の開発ポテンシャルは30,000MWあるといわれているが、現在は448MWしか開発されていない注(26)。それでも現在インドへの売電収入が毎年2億米ドルにのぼる。ブータンは二〇一五年までに農村での電化率を50%まで引き上げ、二〇二〇年には100%の電力供給を水力で賄うことを目標としている。このため現在国をあげて大規模発電開発に取り組んでいるが、自然環境への影響を最小化することは大きな課題である。またダム建設の資本も技術も労働者もインドに依存している。さらにヒマラヤの氷河の融水やモンスーンの雨に頼る水力発電は気候変動の影響を受けやすい。

おわりに

ブータンでは今日、GNHが国の根幹をなす哲学、経済理論、そして政策目的・手段として機能している。GNHと「持続可能な発展」は親和性が高く、かつGNHが環境・経済・社会の目標を統合し、政策評価・政策統合の実践的ツールとして発展し生かされている。人間開発指数やGDPなどの指標を否定するのではなく、それぞれの特徴と役割を十分認識し、補完的な関係においているといえる。ティンレイ首相がその演説で述べているように、「ブータンはこれまでのところ、近代性と伝統、物質と精神、そして「あくまでも用心深い」成長と持続可能性のバランスをとってきた」のである注(27)。

しかしブータン経済や環境の持続性には多くの課題が存在する。気候変動のような新たな脅威も現実化している。さらにグローバリゼーションとIT化など情報技術の進展により、現代世界の消費主義文明は容赦なくブータンにも流入し、ブータン国民の伝統的価値観に変化が生じることも予想される。

厳しい自然環境や地政学的な状況の下で、GNHをよりどころとして、国民の厚生と幸福を中心に据えて、人間開発と国の発展を模索するブータンの今後は、持続可能な発展のあり方を考える意味で興味がつきない。

参考文献

UNDP (2011) ,Bhutan National Human Development Report 2011

HRH Ahi Kesang Choden(2011), "Address on National Happiness: Bhutan's Development Philosophy", February, 2011, Kyoto, Japan

Royal Society for Protection of Nature (2010), "Bhtan's Natural Heritage"

Stiglitz, Sen, Fitoussi (2009),"Report by the Commission on the Measurement of Economic Performance and Social Progress"

枝廣淳子・草郷孝好・平山修一（2011)、「GNH」、海象社

外務省編（2011)、「政府開発援助（ODA) 国別データブック 2010」

ジグミ・ティンレイ（2011)、「国民幸福度（GNH) による新しい世界へ」、芙蓉書房出版

内閣府 (2011)、「幸福度に関する研究会報告」

平山修一（2005)、「現代ブータンを知るための６０章」、明石書店

〔注〕

(1) United Nations General Assembly. 2011. Happiness towards a holistic approach to development. Resolution number A/RES/65/309. New York, United States
(2) HRH Ahi Kesang Choden (2011)
(3) HRH Ahi Kesang Choden (2011)
(4) Royal Society for Protection of Nature (2010), p40
(5) 平山（2005), p160
(6) HRH Ahi Kesang Choden (2011)
(7) 内閣府（2011)
(8) Stiglitz, Sen, Fitoussi (2009)
(9) ジグミ・ティンレイ (2011), p24

(10) ブータン研究所カルマ・ウラ所長からのヒヤリング（二〇一二年一月一〇日、京都）
(11) ブータンでは二〇〇五年から二〇一〇年の間のGDP（国内総生産）の年平均成長率が7・8％に達した。その原動力は水力発電であった。ブータン政府はこれに加え、観光振興や一次産品加工業の推進などにも取り組んでいる。
(12) 1ニュルタム（BTN）は約1・47円（二〇一二年一月二七日現在）
(13) UNDP(2011), P25
(14) 同上 P2
(15) Ministry of Agriculture and Forests. 2009. Natural Renewable Resources Census, Thimphu, Bhutan.
(16) National Statistics Bureau, 2010. Statistical Year Book, Thimphu, Bhutan
(17) Bhutan, 2011. Bhutan Climate Summit for a Living Himalayas, National Road Map for Energy Security (2012 -2021)
(18) 外務省編（2011）
(19) UNDP(2011), p27
(20) 同上 piii
(21) 同上 p19
(22) Royal Society for Protection of Nature(2010),p73
(23) 同上 p74
(24) UNDP(2011),p14
(25) 同上 p46
(26) Royal Society for Protection of Nature(2010), p70
(27) ジグミ・ティンレイ(2011), p23

アルゼンチン・ブエノスアイレス・プラザデマヨ（本文 159 頁）

ラオス・ルアンプラバンの中学生（本文 183 頁）

ベルリン、グローバルソリューションズサミットでのドイツメルケル首相（本文 156 頁）

第3部　環境を巡る旅と随想

1 新型コロナ禍と観光を考える　2020.12

私が会長を務める「日本GNH（国民総幸福）学会」主催で「ブータンから考える：地球環境と観光」というオンライン研究会が開かれた。講師は松尾茜さん。彼女は、ブータン政府観光局や王立自然保護協会でエコツーリズム事業に六年近く従事した経験をもつ。

新型コロナウイルスは世界の観光業に多大な影響を与えた。日本でも政府が音頭を取って「ＧｏＴｏトラベル　キャンペーン」を展開し、コロナ禍で打撃を受けた観光業の復興を図っている。

翻って考えると、地球環境問題や感染症の拡大を助長させた原因の一つに、大勢の人の移動を伴う観光の急速な発展があった。観光産業は、感染症などの保健衛生リスク、気候変動による環境が激変するリスクや自然災害にも脆弱である。コロナ禍の教訓を踏まえると、長期的な対策として、これらのリスクに対し強靭で持続可能な観光を再設計することが重要である。こうした点が松尾さんの講演の問題意識であった。

国連事務総長の報告でも、「観光業の再建は、私たちの責務としつつ、安全で公正、そして気候変動に配慮した形でなければならない」としている。そして観光復興への優先領域として、①コロナ危機の社会経済的影響の緩和、②観光バリューチェーン全体でのレジリエンス構築、③観光分野でのテクノロジーの最大限活用、④持続可能性とグリーンな成長の促進、⑤SDGs達成のためのパートナーシップ育成、をあげている。

ブータンが鎖国を解除し、国際観光の扉を開いたのは一九七二年で、その時から、〝少量・高付加価値〟

ブータンの古都プナカのゾン（県庁兼寺院）　筆者撮影

の原則がとられ、現在はＧＮＨの向上を目指す観光政策を展開している。外国からの旅行者は、ひとり一泊あたり２００〜２９０米ドルを支払い、そのうち６５ドルは税金で、国内のインフラ整備や貧困削減に充てられる。そして急激な観光客数の増加による、環境や伝統文化の破壊を未然に防止してきた。まさに「持続可能な観光」を当初から実践していたのである。観光業は外貨獲得と雇用創出手段としても重要で、社会経済発展にとって重要な役割を果たしている。

一方、ブータンでは都市部に人口が集中し農村の荒廃が進み、国内産業がなかなか育たず、若年層の失業問題も深刻で、日本の中山間地域と酷似した課題に直面している。このような課題を克服するため、地域に根差した持続可能な観光（ツーリズムによる農村開発）というアプローチが始められている。現在のブータンの目指す観光政策は、グリーンで、持続可能で、包摂的で競争力と付加価値の高い観光として要約される。

具体的には低炭素型社会における観光、伝統文化の尊重、地域住民主体で都市農村交流を図る観光が追求されている。

新型コロナ禍は、新しい社会のあり方を私たちに考えることを求めた。コロナ危機からの観光産業復興を考える際に、ブータンの取り組みは貴重な示唆を与えてくれる（松尾さんの講演については「日本GNH学会」のHP参照）。

2 釣りと環境 ― 水辺を守るLove Blue事業　2020.10

釣りの起源は人類の歩みとともに古い。日本でも縄文時代にはすでに釣りが行われ、当時の釣り針が太平洋側の関東以北の遺跡や貝塚から発見されている。古事記にも神様が釣りを楽しむ様子が記されている。そしてレジャーとしての釣りは、江戸時代の武士の間から広がっていったといわれている。

現代の釣りは、地球の恵みを活用したスポーツであり、レジャーである。ところが釣りの舞台である水辺や海の環境は年々悪化している。気候変動による海水温上昇がもたらすサンゴ礁の白化やプラスチックごみによる汚染も深刻だ。

環境に配慮した釣りを持続的に楽しむためには何ができるか。このような課題に応えるため、釣り具メーカーなどから構成される日本釣用品工業会は日本釣振興会と協働し、二〇一三年度から釣り人の協力も得て、社会貢献事業としてＬＯＶＥ ＢＬＵＥ事業に取り組んでいる。釣り人の協力を得ることで環境保全の意識づけになると考え、釣り関連商品に「環境・美化マーク」を表示し、その売り上げの一部を事業の財源とする枠組みを作っている。

具体的な事業としては、プロダイバーによる水中クリーンアップ活動、水辺環境保全に取り組むNPO活動への支援（地球環境基金との協働プロジェクト）、魚を増やすための放流事業などがあり、現在では各地の自治体とも連携し、社会的にも高い評価を得ている。工業会会長の島野容三さんは、「地球への恩返しという思いも込めて私たちはこの事業を進めています」と語る。

プロダイバーによる水中クリーンアップ活動は七年間で活動日数が延べ八〇〇日を超え、回収したごみは釣り関係のごみより、不法投棄や生活系ごみが圧倒的に多くなっている。

二〇一五年から始まったＬＯＶＥ ＢＬＵＥ助成は地球環境基金の企業協働プロジェクト第一号で、五年間で延べ四八団体、総額５０００万円以上を水辺の清掃活動などに取り組むＮＧＯ・ＮＰＯに助成している。助成を受けた団体の清掃活動参加者は延べ五万人を超え、回収したごみは２５０トンを超える。

助成団体は、水辺の清掃活動に止まらず、多様な活動を行っている。たとえば「全国川ごみネットワーク」は、「学びのあるごみ拾い」を実施し、ごみ拾いを美化活動に終わらせず、「なぜ川にごみが多いのか？」「ごみを減らすにはどうすればいいか？」などを考える時間を設け、行動変容を促そうとしている。そして長野県下諏訪町の小学生の参加を得た諏訪湖での活動や神奈川県江の島でのイベントを実施している。

福岡のスキューバダイビングのインストラクターが設立した「ふくおかＦＵＮ」という団体は、福岡の海の中を見てから清掃活動をする市民参加型イベントを実施するとともに、海の水中モニタリング調査も行い、その結果を積極的に市民に広報している。

加速する環境劣化の趨勢に対比するとこれらの活動はまだささやかかもしれない。だが筆者は釣りや水辺環境に関わる多くの人が、共通の思いを持って地道な社会貢献活動を続けていることに敬意を抱き、一筋の光明を感じるのである。

3 ウィズまたはポスト・コロナ禍時代の「緑の復興」を考える　2020.8

現在（二〇二〇年八月）残念ながらコロナ禍が簡単に収束する見込みは乏しく、しばらくはウィズ・コロナ（コロナと共に）の時期が続きそうだ。新型コロナは、各国で多くの人命を奪い、経済に深刻な打撃を与え、私たちの生活を激変させた。このような時期にも私たちはコロナ禍後にどのような社会を目指すのかを考えることが必要ではないか。

新型コロナは、気候変動や無秩序な開発による生態系の変化、そしてヒトと野生動物の距離が変化したことが要因で、その蔓延がグローバリゼーションによって加速されてきたことが指摘されている。一方、気候危機はコロナ禍の最中にも進行している、より大きな危機である。

気候危機に迅速かつ適切に対処することは、次の感染症拡大や異常気象からの複合的被害のリスクを下げることにもつながる。脱炭素かつ地域で資源や人材が循環する自立分散型社会への移行がより安全で安定的な未来を拓くことになる。

ではそのような移行には何が必要だろうか。①持続可能なエネルギーへの転換、②エネルギー・資源効率の改善、③環境負荷を低減するワークスタイル・ライフスタイル（テレワークなどの活用）への転換、④コンパクトシティによる既存都市の活性化や人口減少と高齢化社会に対応した公共交通の充実などを通じた、より多くの雇用を地域で創出し、質の高い暮らしと人々の幸福に貢献する経済システムへの転換となろう。

現在、各国はコロナ不況からの回復に向け、所得補償や休業補償などの緊急対応策の実施と並行し、中長期的経済対策の検討を進めている。我が国政府も四月七日に「新型コロナウイルス感染症緊急経済対策」を発表し、合計57兆円余にのぼる史上最大規模の補正予算が成立している。

国際的には「グリーンな回復」や「より良い形への復興」を目指すべきという議論が広がっている。欧州連合（EU）は新型コロナウイルスによる景気後退にもかかわらず、昨年一二月に採択した欧州グリーンディールを堅持し、着実に推進することを明らかにしている。韓国の与党は本年四月の総選挙で、韓国版グリーンニューディール、アジアで最初の炭素中立、石炭火力からの撤退などをマニフェストで掲げ、勝利した。IEA事務局長は、コロナ危機は、復興の中心にクリーンエネルギーの拡充と移行を置く「歴史的な機会」であると述べている。

ちなみに我が国の緊急経済対策には、「我が国のデジタルトランスフォーメーションを一気に進めるとともに、脱炭素社会への移行も推進する」との方針が明記されている。しかしその内容には「緑の復興」の要素が極めて乏しい。小泉環境大臣は各国の「コロナ復興×気候変動・環境対策」に関する国際的オンライン・プラットフォームを提唱している。提唱国にふさわしい緑の復興策を期待したい。

4 イギリスの気候市民会議　2020.5

イギリスは次回気候変動枠組条約締約国会議（COP26）の議長国だ（二〇二〇年一一月の開催予定が二〇二一年に延期された）。気候変動対策はいよいよ待ったなしだ。最新の科学によると、産業革命からの地球の気温上昇を1.5℃内に抑えるためには、二〇五〇年までに温室効果ガスの排出を正味ゼロにすることが必要だ。

こんなことは無理だと思うかもしれない。だがイギリスでは法律で決めている。二〇一九年五月には下院で「気候非常事態宣言」が超党派で採択された。そして六月には二〇五〇年までに温室効果ガス排出ゼロとする法案を可決している。いずれも主要国では初めてだ。

イギリスは以前から、国としての気候変動に関する明確な目標を定め、それを炭素予算（カーボンバジェット）制度で、五年ごとの排出可能上限量を法制化しモニターしていく仕組みをとっている。現在では一九九〇年と比べると40％以上削減されている（日本の二〇一八年度の実績は一九九〇年度比2・4％減）。二〇二五年の目標（一九九〇年比51％削減）、二〇三〇年の目標（同57％削減）も決められており、二〇五〇年には従来の80％削減という目標を引き上げ、100％削減とした。

法律で定めた二〇五〇年温室効果ガス正味ゼロをどう達成するか。この目標は現状の対策の延長では達成できない。社会や経済の抜本的な変革が必要だ。ここで登場したアプローチが「気候市民会議」だ。

二〇五〇年正味ゼロ達成への道筋の議論の一環として、英国議会下院（超党派の六つの委員会）は、昨年六月に気候市民会議創設を提案した。これは、英国全土から無作為抽出で一一〇名の市民を選び、二〇五〇年目標達成のために何をどのようにすべきか、につき熟議してもらうことを目的とするものだ。代議制民主主義を補完するため、市民による参加と熟議の機会を設けたのだ。

議会は、市民会議の報告を受け、法制化の作業に向けて審議をする。このような議会の動きの背景には、気候危機に対する国民的な関心の高まりと市民運動の広がりがあった。

気候市民会議は、二〇二〇年一月末、二月上旬、二月末、三月末の週末に合宿形式で開き、四回で最終的な結論を出すというスケジュールだ（本稿執筆時点では最終回は延期されている）。筆者は二〇二〇年一月末にロンドンに出張し、関係者からのヒアリングを行った。実際の運営には、四名の専門家からなる実行委員会（Expert Lead）が中心となり、下院から事業を受託した市民参加の運営に関して非常に知見がある非営利団体が運営事務局となっている。

イギリスは石炭を基盤とする産業革命が世界で最初に起こった国だ。その国で脱炭素産業革命のイニシアチブがとられようとしている。不確定要素もある。イギリスのEU離脱の影響、ジョンソン首相の気候変動対策への本気度、そしてコロナウイルスの今後の動向が懸念される。だが、科学的知見と専門家の職業的良心に根拠を置く政策形成、そして市民の参加による熟議と広範な関係者による議論、討議の過程の透明性・公開性の確保に努めている。日英の気候変動政策の内容のギャップとともに、政策形成過程の違いにも改めて驚かされる。

5 サウジアラビアの未来　2020.3

「石器時代は石がなくなったから終わったのではない。石器に代わる新しい技術が生まれたから終わった。同様に石油時代は世界から石油が枯渇するずっと前に終わるだろう」。サウジアラビアの石油大臣を一九六二年から八六年まで務め、七〇年代に二度の石油危機を演出した石油輸出国機構（OPEC）の理論的指導者アハマド・ザキ・ヤマニ氏の有名な言葉だ。

世界最大級の石油輸出国サウジアラビアは、アラブ諸国で唯一のG20（主要二〇カ国・地域首脳会議）メンバー国であり、二〇二〇年の議長国だ。二〇一九年は日本がG20議長国で、筆者はG20に世界のシンクタンクが政策提言をするT20（シンク20）の気候変動・環境タスクフォースの議長を務めたことから、二〇一九年九月と二〇二〇年一月にサウジアラビアの首都リヤドで開かれたT20準備会合に招かれた。一月の会合には六五カ国から五五〇人が参加した。

キング・ハーリド国際空港にはG20のポスターが至る所に掲示され、サウジが今年の一一月に開かれるG20に力を入れていることがよくわかる。リヤドは人口七〇〇万人に近い大都会だ。だが会議が開かれたアブドラ国王石油調査研究センター（Kapsarc）は広大な砂漠の中にポツンと建てられた壮大な構築物である。ちなみにこの建物はイラク出身の建築家故ザハ・ハディッド氏（日本の新国立競技場の当初の設計者）によるユニークな設計となっている（写真参照）。

サウジアラビア王国は、アラビア半島に位置する中東アラブ最大の国家で、国土は215万平方キロメートル（日本の約5・7倍）、人口は三三七〇万人（うち外国人が27％）である。原油が国家収入のほとんどだ。

サウジアラビア、リヤドのアブドラ国王石油調査研究センター　筆者撮影

人口増加、帯水層の枯渇、砂漠化、油流出による海岸の汚染、石油に大きく依存した経済などの課題に直面している。このため二〇一七年四月には、脱石油化と産業多角化等を目指した「サウジアラビア・ビジョン二〇三〇」が策定されている。

パリ協定の目標達成には、二〇五〇年までに世界の温室効果ガス排出量を実質ゼロにする必要がある。そのためにはエネルギー転換・脱化石燃料が必要になる。気候変動対策の強化により、化石燃料が「座礁資産」（投資回収ができない資産）になるおそれがあり、投資資金を引き揚げるダイベストメントがひろがっている。サウジとしては、地下の膨大な埋蔵原油が「座礁資産化」する事態は避けなければならない。

従来サウジは気候変動に関する国際交渉の場では、対策の合意を妨害してきた。しかし現在では気候危機とその国際的圧力を受け止め、独自の移行戦略を模索し、太陽光などの再生可能エネルギー、海水の淡水化などにも注力している。今年一一月のG20がサウジの変貌を加速する可能性がある。

T20準備会合では、気候変動とエネルギー転換が主要な議題となり、循環炭素経済、グリーンファイナンスと民間資金の活用、気候変動対策への若者の参加、気候制約下のエネルギー転換、ブルーカーボン経済などが熱心に討議された。今後の動向に注目したい。

6 奄美大島での地域循環共生圏への取り組み：ロビンソンファーム　2020.1

奄美大島（本島）と加計呂麻島を昨年（二〇一九年）一〇月に訪れる機会があった。

奄美大島は沖縄本島、佐渡島に次ぐ大きな島で、黒潮の影響と多量の降雨から湿潤な亜熱帯雨林が発達している。そしてはるか遠い昔に大陸から隔絶されたこの奄美群島には、アマミノクロウサギをはじめ、多くの固有種生物が生息している。日本の国土の0・3％ほどを占める奄美群島には、日本で生物種として確認されている約三万七〇〇〇種のうちの約16％が生息していると言われている（注：奄美大島生物多様性地域戦略より）。

文化的にも大和文化・琉球文化の影響を受けつつ、複雑な歴史のなかで独特の文化を育んでいる。そうしたことから現在「奄美・琉球」を世界自然遺産に登録しようとする動きが進んでいる。

最初に訪れたのは、奄美有機農業研究所が設立した瀬戸内町の節子（せっこ）集落にある廃小中学校を活用した「ロビンソンファーム」だ。これはかつて奄美大島で病院長を務めていた高野良裕さんが中心になって二〇一四年に発足したものだ。高野さんは自然との触れ合いが乏しくなった現代人への予防医療の観点からこの農場をオープンしたという。

鹿児島大学元副学長で有機農業が専門の萬田正治さん（霧島生活農学校理事長、萬田農園代表）の指導を受け、ヤギや萬田黒鶏を飼育し、合鴨（あいがも）無農薬農業を実践している。バナナやマンゴー、そして亜熱帯性の野菜なども多種類が栽培されている。萬田さんは霧島で「知足・共生・循環」（足るを知り、共生と循環の社会を目指す）を理念とする小農のための生活農学校を開設し、その理念の実践と普及に努めている。

ロビンソン農場はまだまだ小規模な活動ではあるが、校庭には石窯が設置されピザが焼かれたり、地元の染色家による藍染めの体験教室が開かれるなど、今では地元の人たちが折に触れて集まる憩いの場となり、地域の活性化に寄与している。廃小学校でいただいた夕食は地域のお母さんたちが準備してくださった地場料理で、食事の後には島唄も披露された。昨年八月には地元の農家との合作でロビンソンカフェもオープンし、地元の食材を使って体にいいもの（例えばパッションフルーツきび酢ソーダなど）が提供されている。環境省が提唱する「地域循環共生圏」への地域からの取り組みの萌芽を見る思いであった。

翌日は「日本の里一〇〇選」にも選定されている加計呂麻島を訪れ紺碧の海を堪能し、源平合戦に破れたあとに、加計呂麻島に落ち延びた平資盛（たいらのすけもり）が伝えたとされる祭りの「諸鈍シバヤ」（国指定無形文化財）を鑑賞する幸運にも恵まれた。さらには奄美大島にゆかりのある島尾敏雄の文学碑や田中一村記念美術館も訪れることができ、まさに自然と文化を満喫した至福の旅であった。

7 ドイツの脱石炭火力：ジャスト・トランジション（公正な移行）の試み 2019.11

パリ協定は化石燃料文明からの脱却と炭素中立（二酸化炭素の排出量がネットでゼロ）社会への移行を求めている。炭素中立社会への移行には、化石燃料から再生可能エネルギーとエネルギー効率改善への投資先の転換、発電部門の脱炭素化、石炭火力の段階的廃止、エネルギー効率の大幅な改善などが必要である。このような脱炭素社会への移行の際の重要な課題にジャスト・トランジション（「公正な移行」）がある。これは炭素中立社会への移行過程で発生する雇用や地域経済への影響に対し、適切な対策が必要であるという意味で使われている。

公正な移行に貴重な示唆を与える事例が、ドイツの石炭委員会での審議である。ドイツは石炭、とりわけ低質の「褐炭」の世界的産地である。ドイツはすでに二〇二二年までの脱原発を打ち出している。それに加え、褐炭資源を抱えながらも脱石炭火力を国家目標に掲げたのである。このような決定は、いかにして可能となったのか。

ドイツでは、石炭・褐炭が電源構成の37％を占め（二〇一七年）、効率の悪い褐炭への依存度が高い。ドイツの温室効果ガス削減目標は、二〇二〇年までに一九九〇年比40％、二〇三〇年までに55％削減である。

二〇一八年の温室効果ガス排出量は、一九九〇年比で30・8%の削減であり、現在の削減ペースでは目標値の達成は危うい。このため、ドイツ政府は二〇一八年六月、政治家、労働組合、産業団体、学者、環境NGO、脱石炭の影響を受ける地域の代表など二八人の委員で構成される「石炭委員会」を創設した。石炭委員会では、気候変動対策への取り組みとともに、地域での雇用確保・経済発展が課題となった。ちなみにドイツの石炭・褐炭産業に従事する雇用者は、二〇一六年時点で約三万一〇〇〇人、風力エネルギー産業の雇用は約一六万人であった。

「石炭委員会」では、迅速な脱石炭を求める意見と、雇用問題を重視する慎重派の意見が錯綜したが、二〇一九年一月二六日、二〇三八年までに石炭火力発電所を全廃する答申がまとめられた。また、中間目標として、二〇二二年までに石炭火力発電の設備容量の12・5ギガワット削減、さらに二〇三〇年までに25ギガワット以上削減することも盛り込まれた。

脱石炭火力の主な反対派であった石炭採掘業界の労働組合とは、採掘地域に対し大規模な構造調整予算を投下することで合意し、褐炭産業従業員二万人、石炭産業従業員一万二〇〇〇人に対する雇用訓練も実施される。さらに、石炭火力発電を稼働寿命前に終了させることに対する補償措置でも400億ユーロ（約5兆円）が手当てされる模様である。

きわめて困難な政治的課題への長期的方向性の合意に到達できた背景には、広範なステークホルダーが関与する独立した委員会での集中的な熟議に基づく長期的な目標の設定と、目標達成のために、影響を受ける地域や雇用者に対する財政的支援・雇用対策を含む多様な施策を包含した政策パッケージの提示などがあったのである。

8 グレタ効果と国連気候サミット　2019.5

二〇一九年六月に大阪で開催された G20 サミットでは、海洋プラスチック汚染と気候変動問題がテーマとなった。前者については、国際的枠組みの創設と、二〇五〇年までに海洋プラスチックごみによる追加的な汚染をゼロにまで削減することを目指すことが合意されるなど一定の成果があがった。一方、後者については危機意識に乏しい内容で、前回の G20 の各国の立場を再確認するにとどまった。パリ協定の実現に向けた政治的な勢いを高める、という G20 に期待された目的からは程遠いものである。

気候変動問題は深刻さを増し、今や異常気象が日常化し、抜本的対策が急がれる。各国には温室効果ガスの削減目標をより高くし、取り組み強化を図ること、そして脱炭素社会の実現に向けて経済や社会の仕組みを変え、再生可能エネルギーへの大胆な転換が求められている。

この点でヨーロッパを中心として注目されているのが「グレタ効果」である。スウェーデン人の一六歳の少女、グレタ・トゥーンベリさんが二〇一八年八月から一人で毎週金曜日に国会前で座り込みを始め（「Fridays For Future」）、気候変動の危機を訴えたことがきっかけとなり、現在では世界中の若者たちによる抗議活動が広がっている。

その効果の一つが、ヨーロッパの選挙での環境政党の支持拡大だ。例えば、欧州連合の立法機関に当たる欧州議会選挙（今年五月）で大きな躍進を遂げたのは、極右政党ではなく、「緑の党」系の環境政党だった。とりわけドイツでは欧州議会選挙で第二党の議席を得、六月の世論調査結果では第一党になったと報じられている。

グレタさんは国連やEU議会、世界経済フォーラム（ダボス会議）、英国議会などでも演説し、「私たちの家（＝地球）は燃えている」と力説している。グレタさんの「温暖化はこれほど深刻な問題なのに、なぜ私たちは行動を起こさないの」というまっすぐな問いかけに、私たちはどうこたえるのか。

地球が今、まさに火事であるのに、日本政府の「パリ協定成長戦略」にみられるような、実現の不確かな非連続的なイノベーションに期待して消火の技術をこれから研究するというのでは遅すぎる。石炭火力から撤退し、再生可能エネルギーやエネルギー効率化など実用化された技術や対策を大規模かつ早急に実施すべきであろう。

二〇一九年の九月のニューヨークでの国連総会の機会に、事務総長主催の気候サミットが開かれる。グテーレス国連事務総長は、各国政府に対し、二〇二〇年までに石炭火力新設の中止、今後十年間での温室効果ガス排出の45％削減と化石燃料ベースの経済から再エネ経済へ移行、そしてサミットに、二〇三〇年までに排出の半減、二〇五〇年までにカーボンニュートラルを達成するための具体的計画をもって臨むよう、要求している。

グレタさんは六月に義務教育を修了し、この一年間は進学せず、気候問題に専念するとのことである。九月の気候サミット、一二月のチリでの国連気候会議でも演説する予定だ。彼女の環境問題への訴えと活動が認められノーベル平和賞候補にノミネートされたと報じられている。グレタ効果はどこまで広がるのだろうか。

9 SDGs（持続可能な開発目標）経営は未来を拓けるか　2019.7

二〇一五年に国連で採択された気候変動対策としての「パリ協定」と、「SDGs」は、今後の望ましい世界のビジョンを示し、経済活動を大きく変えていく「道しるべ」となっている。SDGsは、今やビジネスの世界では「共通言語」となっており、日本国内でもすでに政府・自治体そして企業の活動において、SDGsを実現するための様々な動きが始まっている。

経団連では、二〇一七年一一月に、会員企業に向けた行動指針「企業行動憲章」に関し、SDGsの理念を取り入れた改定をしている。

日本化学工業協会では、二〇一七年五月に化学産業のSDGsビジョンを策定した。

日本政府が二〇一七年度から始めた「ジャパンSDGsアワード」には、これまで、サラヤ（手洗いによる衛生向上）、住友化学（マラリア対策）、吉本興業（SDGsの意識涵養）、伊藤園（持続可能な生産と消費）などが受賞している。

企業がSDGsに取り組むにあたっては、社会貢献にとどまらず、本業を通じたSDGsへの貢献（「SDGsの本業化」）が求められている。企業が行う事業活動は、環境に何らかの影響を与えている。そのため事業者が環境の持続可能性を意識した取り組みを実践することは、企業を持続可能なものとする上で不可欠である。また、事業活動が環境に与える影響を把握することで、事業者は潜在的なリスクを把握し、新たなビジネスチャンスを見つけることが可能となる。

例えば、気候変動や生物多様性の損失は、企業にとってはリスク要因であるが、他社との差異化を図りビジネスチャンスにつなげるきっかけともなる。

SDGsには、社会が抱える課題が包括的に網羅されており、企業にとってはリスクとチャンスに気付くためのツールとして用いることができる。SDGsは市場に変化をもたらし、SDGsを無視した事業や活動は長期的には成り立たない。またSDGsのゴールやターゲットは、世界が直面する社会課題を網羅しているので、その解決を模索することはビジネスにおけるイノベーションを促進する可能性を持つ。

このように、SDGsへの活動は、企業イメージの向上、社会課題への対応、新たな事業機会の創出につながるばかりではなく、企業の生存戦略にも直結する。ただし既存の事業活動を表面的にSDGsのゴールと紐付けるだけではSDGsウォッシュ（見かけだけのSDGs）との批判をまぬかれない。

またこうした活動がコストではなく投資と見なされるためには、中長期の経営計画や戦略の中にSDGsの要素を組み込むことが必要だ。さらに企業理念に根ざした企業活動とSDGsが結び付くと、社会の中での役割がより明確になり、社員の仕事への強いコミットメントも生まれてくる。そして、経営トップの卓越したリーダーシップ、社内外での対話とパートナーシップもSDGsの本業化を進める鍵なのである。

（本稿の内容の詳細については、「主流化に向かうSDGsとビジネス～日本における企業・団体の取組み現場から～」（IGES）などを参考にされたい。）

10 ベルリンでのグローバル・ソルーションズ・サミット 2019.5

本年（二〇一九年）六月末に大阪で開催されるG20サミット（主要二〇カ国首脳会議）に向けて現在さまざまな動きがある。そのうちの一つがG20各国のシンクタンク連合（T20）による政策提言である。T20による最終会合（T20サミットJapan）は、五月二六日、二七日に東京で開催される予定だ。その準備会合ともいえるグローバル・ソルーションズ・サミット（世界政策フォーラム）が三月一八日、一九日にドイツのベルリンで開かれた。

T20の下にはさまざまな政策課題ごとにタスクフォースが設けられている。その一つが気候変動と環境に関するものだ。筆者はこのタスクフォースの共同議長を務めているので、主催者から招かれこの会議に出席した。

今年で三回目となるグローバル・ソルーションズ・サミットは、世界のシンクタンクの代表が重要な政策提言を議論する場となっている。ドイツからは、毎回メルケル首相やベルリン市長、そして環境大臣も含む多くの閣僚が出席するなど、世界政策フォーラムにふさわしい力の入れ方だ。

会議の二日目にはメルケル首相も登壇し、二五分あまり演説した後、若者代表を含む会場との約三〇分のやり取りに真摯に応じていた。G20に向けて、あくまで自由で民主的かつ包摂的な多国間の協調、とりわけ気候変動をはじめとするグローバルな課題に対するG20のリーダーシップへの期待を述べた。特にドイツでは真剣な国民的議論の末、石炭火力からの撤退への合意を取り付けたこと、そして公平な国際協調のためにも、世界が協調して炭素の価格付け（炭素税などのカーボン・プライシング）を進めることの重要性を強調した。

思い起こすと、二十四年前、一九九五年四月にはベルリンで気候変動枠組み条約の最初の締約国会議（COP1）が開かれていた。当時筆者は宮下創平環境庁長官を補佐し担当課長としてこの会議に出席していた。会議の議長はドイツの環境大臣であった若きメルケルさんであった。メルケル議長と宮下大臣の二国間協議も開催され私も陪席することとなった。COP1の結果としてベルリン・マンデートと呼ばれる決議が採択され、それが二年後の京都議定書につながったのである。

本年六月末の大阪サミットの議長国として日本政府は、AI（人工知能）やIoT（モノのインターネット）、ICT（情報コミュニケーション技術）などの第四次産業革命の成果を生かして社会的な諸課題を解決するための、ソサエティー5・0を中心とするイノベーションの重要性をテーマとして据えている。しかし実は、気候変動に抵抗力がある持続可能な社会への移行に際して、日本に求められている最大のイノベーションは、石炭火力や原子力発電への依存を速やかに解消することなのである。

11 北海道ニセコ町の挑戦：環境・景観規制が町の価値を生む　2019.3

本年（二〇一九年）一月一七、一八日に片山健也ニセコ町長に京都での「環境首都創造フォーラム」でお会いする機会があった。

このフォーラムは、環境面で先進的取り組みをしている市町村長、自治体職員、NGO、研究者などが集い、お互いに学びあうとともに、今後の取り組みを考える場である。私はこのフォーラムにはほぼ毎年参加している。片山町長も常連の一人だ。今年の多くの事例発表の中でも特に片山町長の発表が印象深かった。

ニセコ町は、一九二二年に、白樺派の文豪有島武郎が、所有していた広大な有島農場を無償解放したことで知られている。

有島は「空気や水、土地のようなものは人類全体で共有して個人の利益のために私有されるべきではない。小作人が土地を共有して責任を持ち、『相互扶助』の精神で営農するように」との遺訓を残した。片山町長によるとこの「共有の自然資源」と「相互扶助」こそ、SDGsの精神そのものであるという。

ニセコ町では、住民自治の精神と実践が徹底しており、役場のすべての会議は原則公開され、予算説明書は全戸配布されている。土地利用計画策定には農家や住民が参画し、十年に及ぶ徹底した住民自治で培ってきた仕組みを、将来の子どもの世代にも担保するためにまちづくり基本条例を制定している。

二〇一八年三月現在の人口は五一一五人。近年漸増傾向で、転入人口などで二〇四〇年ごろまで緩やかに増え続けると推計されている。主な転入理由は、自然が豊かなことと、静かな環境であること。スキー場は国際的なブランド力があり外国人観光客も急増している。

かつては「環境で飯は食えない」との議論が支配的であったが、現在ではニセコ町の厳しい環境・景観規制（乱開発防止）が良質な環境を維持し、それが町のブランディングにつながり、共感する人々が来訪している。ニセコ・スキー場は複数の町にまたがっているが、ニセコ町のスキー場への環境・景観規制が最も厳しいとのことである。また、環境や景観を守るために、観光宿泊税を検討している。

観光と環境の横断的実践例としては、観光事業者による省エネ設備導入、町内ホテル照明のLED化、温泉排湯の熱交換器導入、町立ニセコ高校の学生がエコアンバサダーとなったエコツアーの実践、などがある。また、今後、SDGsモデル事業として、NISEKO生活・モデル地区構築事業、地域資源を活用した地域熱供給システム構築なども進められる。

片山町長は「格差と環境破壊を生んできた強欲資本主義社会へのアンチテーゼがSDGsの根幹である」との信念で、環境を生かし、資源、経済が循環し、安心して住み続けられる地域コミュニティーとしての「サスティナブルタウンニセコ」の構築に邁進しているのである。

12 T20とG20：アルゼンチンのT20サミットから 2018.11

アルゼンチンは二十年ぶりだった。前回訪れたのは一九九八年で、気候変動枠組条約第四回締約国会議（COP4）がブエノスアイレスで開かれた時だった。その時は南半球が春から夏に向かう時期で、空港から都心への車窓からジャカランダ（南洋桜ともいわれる）の紫の花が奇麗に咲き誇っていたことが印象に残っている。

今回（二〇一八年）は九月一六日から一八日までのT20サミットに出席するためだ。T20とは、シンクタンク20の略称で、G20サミット（主要二〇カ国首脳会議）に向けて、各国のシンクタンクが連携し、それぞれの研究成果と分析を統合し、政策提言を行うことを目的としている。T20の議長国はG20

と同様、今年がアルゼンチンで、来年は日本である。

実はG20にはさまざまな民間団体のグループ（これらはエンゲージメント・グループとよばれる）が関連行事を開催して、G20の首脳たちに提言などの働きかけをすることが慣例となっている。たとえば産業界によるB20、市民社会のC20、女性団体のW20などである。

アルゼンチンのT20は、多国間貿易システムの再構築、パリ協定の完全な実施、新たな包摂的で公正な社会契約の推進などを主要テーマとし、世界五八カ国、一五〇のシンクタンクなどから約一〇〇〇人が参加し、アルゼンチンのマクリ大統領に提言書（コミュニケ）を提出した。

日本でのG20サミットは来年（二〇一九年）六月に大阪で開かれる。その直前の五月にT20サミットが東京で開催される予定である。すでに日本国内ではT20のために一〇のテーマ（持続可能な開発目標、国際金融、インフラと投資・融資、気候変動及び環境など）に関し、タスクフォースが活動を始めている。各タスクフォースには各国から数名の共同議長が就任し、共同議長を中心として政策文書を作成し、タスクフォースの総括文書と提言をまとめ、それらをもとに、T20全体としての提言書をG20に提出することとなっている。

「気候変動及び環境」のタスクフォースの共同議長には日本からは小宮山宏・元東大総長と筆者が就任している（他に外国からの複数の共同議長も加わる）。

このタスクフォースの主要課題は、パリ協定に向けた取り組みの強化と脱炭素社会への移行の加速、加えて、マイクロプラスチックによる海洋汚染なども重要な課題として取り上げる予定である。

この準備として、二〇一八年一二月初旬には東京でキックオフ会合を開催し、二〇一九年三月にはドイツのベルリンでGlobal Solution会議が開催される。

G20は途上国・先進国を含み、世界の経済活動の90㌫、人口でも世界の三分の二を占め、グローバルな課題を解決するための協調したリーダーシップが求められる場である。環境政策では立ち遅れが目立つ日本にとって、改めて国際的課題に対するリーダーシップが問われる正念場だ。

13 中国でも広がるか？ 開発金融での環境社会配慮（北京・アモイの会議から） 2018.9

中国社会が変化するスピードは想像を絶するものがある。

筆者は、去る二〇一八年六月に北京とアモイで開催された「開発金融における環境社会配慮のワークショップ」に国際協力機構（JICA）を代表して参加した。これは、アジア開発銀行（ADB）と中国銀行保険監督管理委員会・生態環境省・中国銀行協会が主催し、アジアインフラ投資銀行（AIIB）や中国の一九の主要金融機関・銀行の幹部三〇人余り、中央アジア諸国など二六カ国が出席し、世界銀行、ヨーロッパ投資銀行（EIB）、国際NGOなどの代表もスピーカーとして加わっていた。

中国では一帯一路構想などでインフラ投資が急激に増えており、投資に伴う環境破壊や、住民の生活への影響なども懸念される。一方、世銀、ADB、EIB、JICAなどの国際開発金融機関では、事業活動に際しての環境アセスメントや異議申立制度が整備されている。したがって、これらの経験から学ぶことによって、投資による環境破壊を防ぎ地域住民への悪影響を軽減するため、AIIBや中国の金融機関の環境社会配慮を国際水準に引き上げることが今回の会議の狙いであった。

これまで、たとえば東南アジアのメコン川流域開発などでは、中国系の開発金融機関の環境社会配慮の欠如あるいは不十分なことが課題となっていた。その意味で今回のイニシアチブは、グローバルな開発金融機関の環境社会配慮の向上という観点から歓迎される。とりわけ印象深かったのは、中国銀行保険監督管理委員会や財務省の代表など中国金融当局高官が、その演説の中で明快に金融機関における環境社会配慮とアカウンタビリティー向上の必要性を述べていたことである。環境社会配慮には情報公開と市民社会の関与が鍵である。今後中国の開発金融に環境社会配慮がどのように制度化されるか、大いに注目される。

この会議でJICAの環境社会配慮・異議申立制度とその事例紹介を行ったことは、これから同様の制度を導入しようとする中国やADBの開発途上加盟国の金融機関にも有益な示唆を与えたものと考える。

中国では国の確固たる方針の下、環境対策や再生可能エネルギーの分野では、世界の最新の知見や経験を大胆に取り入れて改革を進めている。北京の空は大気汚染のせいか、どんよりと曇っていたが、空港から都心へ向かう道路沿いや滞在した金融街周辺での植樹と緑化はかなり進んでいた。一方、アモイは台湾の対岸に位置し、明の時代から対外貿易港として栄えた奇麗な町で、ワークショップ会場の国家会計学院は、中国で最も美しいキャンパスである。

会議後、私たちはアモイからフェリーで約一〇分のコロンス島を訪ねた。ここは南京条約で租界となり、かつての欧米列強の領事館など歴史的建造物がたくさん残り、それらが生い茂った樹木や草花と調和し、自動車の喧騒のない観光地（電気自動車のみ使われる）となっていた。

14 トキの野生復帰事業と「生きものを育む農法」（佐渡への旅から） 2018.7

新潟県の佐渡を五月一四日から一六日まで訪ねる機会があった。折しも五月九日の日中首脳会談の結果、中国から新たに二羽のトキの個体が提供されることになった。

佐渡は二〇〇六年一一月以来の二度目であった。前回は新潟港からカーフェリーで約二時間半かかったが、今回はジェットフォイルで約一時間である。前回はトキの野生復帰実施前で、訓練施設の「野生復帰ステーション」が工事中であった。当時人工増殖でトキは九七羽まで増えていた。その後、〇八年九月に第一回自然放鳥が行われ、一二年には野生下でトキのヒナが誕生した。一四年には〇三年に設定した「二〇一五年ごろに自然の中で六〇羽定着」の目標が達成された。現在までトキの野生復帰は大きく進展し、日本全体で飼育下の個体が一八〇羽、野生下では二八三羽が生存している（五月八日時点、環境省若松徹首席自然保護官）。

この背景には、トキをシンボルとした自然共生型社会構築に向け、トキの飼育・訓練・放鳥、生息環境整備、社会環境整備、モニタリングと調査研究など関係者による継続的取り組みがあった。とりわけトキの生息環境整備には地元農家による環境保全型農業の推進が重要で、そのための施策として〇八年から始められたのが「朱鷺と暮らす郷づくり」認証制度である。認証を受けた米が「トキ認証米」

となり、トキの餌場環境整備とともに、通常より高く販売できるので、経済効果も生み出している。

認証要件は、①「生きものを育む農法」により栽培 ②生きもの調査の年二回実施 ③農薬・化学肥料を地域慣行比五割以上削減 ④水田畦畔等に除草剤を使用しない ⑤栽培者がエコファーマー ⑥佐渡で栽培、である。

この制度は佐渡の生物多様性地域戦略の一環で、認証要件の「生きものを育む農法」が地元の農業者の取り組みに始まり、学術研究による効果検証や、市の補助金の設置も伴って制度化に至ったのである。

佐渡の「生きものを育む農法」による生物多様性の保全は、棚田を含む土地景観や農村文化を次世代へ確実に継承するための無形の環境資産であるとし、一一年に国際連合食糧農業機関（FAO）の定める「世界農業遺産」として先進国では初めて認定された。

私たちは〇八年以降復活への取り組みが進められている「小倉千枚田」（佐渡百選に選定）を訪ねた。現地はとても急峻な傾斜地で、一九七〇年代の減反政策で休耕地や荒廃地となっていたが、千枚田復活のための支援を呼びかけた結果、多くの人がオーナーとして参加し、管理組合の管理によって、棚田を復活させることができたという。

現在の佐渡はトキをシンボルとした自然共生型社会の優良事例となっているが、農業の担い手の高齢化や減少が進んでいる。将来を見通し、「生物多様性支援システム」を活用し、科学的モニタリングを進めるとともに、継続的かつ順応的管理がますます重要となろう。

15 戦争と平和、そして共生と交流　早春の館山への旅で考える　2018.5

早春の南房総・館山に環境行政を研究する仲間たちと出かけた。

館山は東京からは思いのほかアクセスが良い。東京駅や新宿駅から宿泊先の休暇村館山まで直通高速バスで約二時間だ。館山は一年中温暖で、かつて久留米出身の画家、青木繁が滞在し、有名な「海の幸」を描いたことでも知られている。

休暇村館山は南房総国定公園の核心に立地し、全室館山湾に面し、三浦半島や富士山が眺望できる露天風呂もある。まだ風は冷たかったが、南房総の菜の花は満開を迎えていた。

休暇村での研究会の翌日、私たちは地元の歴史文化を伝承するNPO法人「安房文化遺産フォーラム」代表の愛沢伸雄さんの情熱あふれるガイドでこの地の歴史や自然に触れることができた。

館山は房総半島の先端、太平洋に突出しているまちだ。日本地図を一八〇度回転すると、「へ」の字形に弧を描いた日本列島の頂点に位置していることがわかる。愛沢さんによると、館山は古代から海を通じて人々が行き来した交流の地でもある。ハングルの「四面石塔」や遭難船供養の記念碑をはじめとする館山の歴史・文化遺産から、先人たちが培った「平和・交流・共生」の精神を学ぶことができる。

一方、東京湾の入り口にも当たるこの地は古くは頼朝の時代や小説『里見八犬伝』のモデルとなった里見氏の時代から軍事的に重要な拠点であった。そして太平洋戦争の時には館山は本土防衛の最前線となり、帝都東京と横須賀軍港防衛の特別な役割を担い、館山海軍航空隊や洲ノ埼海軍航空隊、館山海軍砲術学校など多くの軍事施設が設置された。戦争末期には、アメリカ軍上陸が想定され、本土決戦体制が敷かれた。七万人近い陸海軍の部隊が配置され、特攻基地が建設されていった。

終戦直後の一九四五年九月二日に東京湾上の戦艦ミズーリ号で降伏文書の調印が行われた翌三日、館山海軍航空隊の一角に、アメリカ陸軍第八軍が占領軍として初上陸し、わずか四日間ではあったが、本土では唯一「直接軍政」が敷かれたという。

私たちは館山市を代表する戦争遺跡「館山海軍航空隊赤山地下壕跡」を訪れた。この地下壕は、合計の長さが約1・6キロメートルと、全国的にみても大きな壕である。関連資料が乏しいので建設時期ははっきりしないが、対米英戦が始まる前から使用された館山海軍航空隊付属の航空要塞的な地下施設であったと推測されている。

二〇〇二年に館山市などが実施した『館山市における戦争遺跡保存活用方策に関する調査研究』報告書で、将来の目標として「地域まるごとオープンエアーミュージアム・館山歴史公園都市」と位置づけられた。二〇〇四年には平和学習拠点として「赤山地下壕跡」が整備・一般公開され、二〇〇五年には市指定史跡となったのである。

早春の館山への旅は、改めて戦争と平和、そして共生と交流を考える機会となった。

16 フロントランナーのブータン：炭素中立型の持続的発展は続くか　2018.3

年頭（二〇一八年）早々にブータンへ行く機会があった。ブータンの炭素中立型発展の可能性調査の一環であった（メンバーは、地球環境戦略研究機関、国立環境研究所、東京工業大学）。

久方ぶりのブータンであった。幸い滞在中は連日抜けるような晴天に恵まれた。首都ティンプーの発展は著しく、建築ラッシュや自動車の増加などが目に付く。

なぜブータンなのか。実はブータンは、パリ協定と持続可能な開発目標（SDGs）のフロントランナーなのである。現在のところ人口が少なく、人為的な二酸化炭素排出量より森林などによる吸収量が多いので、国としての温室効果ガスの純排出量はマイナスである。他方、国民総幸福（GNH）の概念に基づき、SDGsの実現に向け包括的で先進的な取り組みを進めている。

ブータンは人口七七万人（二〇一五年世銀統計）、九州ほどの面積の小国で、一人当たり国内総生産（GDP）でみると発展途上国である。しかし憲法に基づく国策で国土の72％は森林に覆われており、多くの自然保護区を維持している。豊かな水力発電によって国土のほとんどは電化され、余剰電力はインドに輸出されている。そしてそれが国家収入の大半を占めている。発展政策という観点からは、SDGsを先取りした国是としてのGNHという、経済成長中心ではない発展目標を持つ。

ところがブータンの自然は、進行する気候変動で多数の氷河湖崩壊の恐れや農業への影響が懸念されている。さらに都市集中と経済成長の過程で、交通や産業からの温室効果ガスの排出増加が予測される。

今回訪問したのは、国家環境委員会、国家GNH委員会、ブータン王立大学（自然資源カレッジ）、公共事業省、自然資源保全環境研究センターなどであった。ブータンは国策として永続的炭素中立を追求し、国際的には気候変動への適応対策で途上国のリーダー的役割を果たしている。ブータンの気候変動政策を担うのが国家環境委員会である。

一方、GNH委員会はGNH指標により各省から提案される政策を評価し統合するとともに、国の五カ年計画策定などブータンとしての中長期的発展政策を立案する役割を果たしている。

ブータンが今後先進国型のエネルギー多消費・多排出型社会を経由せずに持続可能な社会へと、蛙飛び型の発展経路を進むことは可能だろうか。我々の研究プロジェクトでは、山岳・森林および谷間都市からなるブータンを参照ケースとして中長期的な社会シナリオづくりを試行し、ブータン側のカウンターパートとともに考察する。その結果は、今後の抜本的社会システム変化を通じた気候安定化へ向け、途上国（特に後発途上国）での政策立案、また、先進国や国際機関による途上国支援に対して、重要な示唆を与えることが期待される。

17 ベトナムで広がる参加型環境教育：カント市の中学・高校で活動　2018.1

モダンなベトナムのカント市の空港で出迎えてくれたのは、カント医科大学のトアイ教授と東京労働安全衛生センターの仲尾豊樹さんだった。

カント市はホーチミン市の南西約160キロメートルに位置するメコンデルタの中心都市だ。筆者はこれまで何度もベトナムを訪れる機会があったが、自然を徹底的に破壊されたベトナム戦争の惨禍から立ち直り、水田や畑などでかいがいしく働くベトナムの人たちの姿を見るたびに、かつての日本の田園風景を思い起こすようで、とても懐かしい気持ちになる。

昨年（二〇一七年）一〇月、私たちは地球環境基金が支援するカントでの参加型環境教育プログラムの成果を確認するためにベトナムを訪れた。あいにくカント市街へ向かう道路は一面冠水して水浸しだった。気候変動の影響か、五十年に一度の大雨が降った影響だという。

ベトナムのメコンデルタは豊かな自然環境に恵まれた穀倉地帯だが、地球温暖化の影響に対して最も脆弱な地域でもある。また、近年のドイモイ(刷新)政策による急速な経済成長の下で、化学物質汚染・水の汚染・廃棄物などの課題が顕在化している。他方、経済成長とグローバル化の下で失われつつある「環境と共生するベトナムの伝統的生活文化」を見直そうという動きもある。

こうした背景からカント医科大学の教職員を中心としたボランティア団体「GREEN」は、メコンデルタの環境問題を中高生が学び、彼らの環境保護活動の活性化を支援するプロジェクトを数年前から開始している。その効果的な方法として、東京労働安全衛生センターが開発した「参加型学習による中高生向け環境保護教育」プログラムを活用し、中高の教員を対象に「環境教育トレーナー」を養成し、学校や地域で参加型環境保護教育を実施し、青少年への環境教育を広めている。青少年による環境改善活動は成果発表会やWEBにより広く情報発信されている。

GREENの活動は現在では市の教育部からの認可を受け、学校の正式の事業として認められている。そのため、中学・高校の教員も授業時間中の活動として展開できるようになった。教員のトレーニングを戦略的に行い、トレーニングを受けた教員が生徒を教え、生徒が実践活動（廃品を活用したリサイクル作品の製作や学校や家庭の美化など）を行っている。また、訓練を受けた一〇教科にわたる教員は、それぞれの授業の中に環境教育を入れたカリキュラムを作りあげた。中核となる教員・生徒が他の教員・生徒や両親に伝えるなど波及効果が明確に確認されている。市内五中学、五高校で展開した事業を現在は市の全ての学校（一〇〇校）に広げる活動を続けている。

私たちは参加型環境保護教育を実施しているレブン中学やローフーフック高校を訪れ、さらには生徒たちの自宅を訪問するなど、現地の生徒や関係者と交流する貴重な機会にも恵まれた。

18「厚岸と別寒辺牛川流域」で考えた生態系の社会経済的な価値評価　2017.11

私が参加している研究プロジェクトの一つに「社会・生態システムの統合化による自然資本と生態系サービスの予測評価」（環境省環境研究総合推進費 S-15）がある。私たちのグループはその中で「科学と政策のインターフェイスの強化」というテーマを担当している。

この研究プロジェクトでは日本国内にいくつかの事例研究のフィールドを持っている。美しいサンゴ礁で有名な沖縄県の石西礁湖、トキとの共生を目指す新潟県佐渡島、そして今般訪れた北海道東部の「厚岸別寒辺牛川流域」などである。

厚岸町は、北海道の東部、釧路市と根室市のほぼ中間に位置し、東北海道では最も早く開け、天然の良港と牡蠣を代表とする海の幸、屯田兵の入植から開拓された酪農郷などが相まって発展してきた。一九九三年には厚岸湖・別寒辺牛湿原がラムサール条約に登録されるなど、豊かな自然環境にも恵まれている。

去る八月（二〇一七年）にこの厚岸でプロジェクトの研究総会とアドバイザリー会合が開かれた。ホスト役を務めてくれたのは北海道大学の臨海実験所（正確には北海道大学北方生物圏フィールド科学センター水圏ステーション厚岸臨海実験所）である。この実験所は総面積約４０万平方㍍を占め、海産生物のみならず、鳥獣その他、自然生物全般の研究の場として活用されている。所長は海洋生態学、とりわけアマモ場の生態学を専門とする仲岡雅裕教授である。

実験所が位置する道東の海域は、日本で最も水温が低いところだ。これは年間を通して牡蠣の生産ができる要因でもある。ここには、森林、河川、湿地、沿岸域がつながった美しい自然が残されている。私たちもたくさんのエゾシカに遭遇し、水辺で餌を探しているタンチョウの姿を見ることもできた。

しかし、地球温暖化に代表される人間活動は、このような自然生態系にもさまざまな悪影響を与えている。現在、仲岡教授らは、厚岸周辺をモデル海域として、環境変動に対する生物たちの反応を詳しく調べることにより、今後の生物多様性や生態系の変化を予測・解明することを目的とした研究に取り組んでいる。

私たちの研究では社会や経済が急速に変化し、気候変動なども進行する状況を考慮に入れつつ、陸と海の生態系の連環、そして自然や生態系サービスの社会経済的価値の評価や予測を行うこととしている。そして人々の包括的な福利（幸福）を維持し、向上させるためにどのように自然資本を管理していくべきか（いわゆるガバナンスの問題）をも対象として統合モデルを構築し、望ましい政策の選択肢を提供することを目的としている。

研究総会の後には仲岡教授の案内で、湿原の中をゆったりと流れる別寒辺牛川を、二時間半にわたって終着地点の「水鳥観察館」までカナディアンカヌーで川下りするという貴重な体験もできた。

19 津端修一さんとクラインガルテン：反響を呼ぶ夫妻の心豊かな生活　2017.9

今（二〇一七年）から三十五年ほど前、私は環境庁の企画調整局（当時）で勤務していた。当時の環境庁は、産業公害対策がやや一段落したこともあり、広義の生活の質の向上、とりわけ快適環境（アメニティ）の施策に取り組もうとしていた。その担当チームの一員であった私は、シンポジウムの開催、先進事例の収集・普及、そしてアメニティ・タウン構想に基づくモデル都市の計画作りへの補助などの業務に奔走していた。

そんなある日、飄々とした雰囲気で黒縁のロイド眼鏡をかけた風変わりな大学の先生が訪ねてきた。手渡された手書きの名刺には「つばた修一」と書かれていた。著名な建築家として知られていた津端修一さんであった。

津端さんは、ドイツで長年の歴史を持って定着していたクラインガルテンの考え方を日本に導入しようと、熱く語っていかれた。クラインガルテンとは直訳すると「小さな庭」となるが、「市民農園」とも言われている。ドイツでは、貸し農園の設置を国で制度化したクラインガルテン法が一九一九年に制定され、貸し農園を「クラインガルテン協会」が管理し、希望者は区画を借りる。利用者数は五〇万人を超え、利用者一人当たり平均面積は１００坪ほどで、野菜や果樹、草花が育てられ、ラウベと呼ばれる小屋が併設されている。都市周辺のクラインガルテンはまとまって緑地帯を形成し、都市部での緑地保全や子どもたちへの自然教育の場としても、大きな役割を果たしている。

その後、津端さんとは何度かシンポジウムや関連調査でご一緒する機会があったが、しばらくすると直接のお付き合いは途絶えた。それでも時々耳にする津端さんの活動には引き続き関心を持っていた。そんな折、津端さんと妻の英子さんの生活を描いたドキュメンタリー映画『人生フルーツ』が公開され、反響を呼んでいることを知った。津端ご夫妻の共著『キラリと、おしゃれ、キッチンガーデンのある暮らし』も十年ぶりに重版され、評判になっているという。

津端さんは愛知県春日井市の高蔵寺ニュータウンの計画・設計に携わり、本来の地形を活かし、元からあった雑木林を残して町の中を風が通り抜けるようなマスタープランを作った。しかし、その意に反し、計画が進むにつれ、山を削って谷を埋め、平らな土地に団地が並ぶいわゆるニュータウンへと変わってしまった。

津端ご夫妻は一九七〇年に高蔵寺ニュータウンの集合住宅に入居し、その五年後にはニュータウン内で３００坪の土地を購入し、家を建てた。そして「里山を取り戻す実験をする」ためにここで暮らし続けることを決意し、敷地内にキッチンガーデンを作った。クラインガルテンの思想を自ら実践され、半自給自足で心豊かな人と人との関わりを大事にする生活を送ってこられたのである。

津端さんは二年前に享年九〇歳で永眠された。

20 地域づくりのための小水力発電：「環境首都」水俣市の寒川地区　2017.7

熊本県水俣市では深刻な水俣病公害の経験を踏まえ、一九九四年から水俣病により分断された地域社会と失われた人の絆や地域コミュニティを再構築する取り組み、「もやい直し」が始められた。現在は環境を軸とするまちとコミュニティの再生に取り組んでいる。そして二〇〇八年に環境モデル都市に認定され、二〇一一年には市民協働のごみの高度分別、環境ＩＳＯ取得、環境マイスター認定等の市民参加の先進的取り組みが認められ、環境首都創造ＮＧＯ全国ネットワークにより、日本で唯一の「環境首都」の称号を授与された。

筆者は二〇一七年三月、水俣市を横断する水俣川源流の寒川水源がある寒川地区に、小水力発電の現場を訪ねる機会があった。これまで水俣市は不知火海に面した海辺の町との印象が強かったが、実際には市域の北・東・南の三方を山に囲まれ、豊かな緑の多い森の町でもあることを実感した。

寒川水源の水は、年間を通じてほぼ１４度で、一日約３０００トンが湧出している。集落では寒川水源の湧水を活用して棚田を守り、米を栽培してきた。この棚田は「日本の棚田百選」にも選ばれている。そして一九九七年には農林水産省の補助事業を活用して従来からあった「寒川水源亭」を大幅に改修して「農家レストラン」として新装開店した。そして、水源の水を利用したそうめん流し、棚田米やヤマメ、マスなどの地域の食材を提供して集落全体で運営してきた。

ところが年々進む高齢化により、地元住民だけでは水源亭の運営が難しくなってきた。また、水源亭で使用する電気代が集落の負担となってきた。そこで地域資源である寒川水源の水を活用した小水力発電の構想が浮上したのである。

九州大学や市水道局の技術的支援を得ながら、二〇一四年には事業化検討、概略設計、流量調査が行われ、二〇一六年二月には発電所が完成した。水車は地元鉄工業者等が製作し、施工は地元企業および地区住民が九州大学チームと連携して担当した。流量調査や導水管・取水口整備、建屋建設などは住民が担い、低コスト化に寄与した。総事業費は約1400万円、うち地区負担は約400万円であった。発電出力は約3キロワットで、水源亭の電力を賄い、視察に訪れる人も増えている。

寒川地区小水力発電事業は、専門家チームのバックアップを得ながら、地産地消型で地域主導の再生可能エネルギーとして導入された。ただし小水力発電事業は、あくまで地域が目指す将来像を実現するための手段である。この事業をきっかけとして、地域づくりや地域の諸課題に対するさまざまなアイディアや解決策が住民の間で検討されたのである。現在は地域農産物を活用した商品開発にも取り組み、発電所や水源亭の運営を通じて、地域内の資源を活用して収入を得ながら集落を守る活動が続けられている。

21 公害対策に取り組んだ宇部市で「環境首都創造フォーラム」を開催　2017.5

二〇一七年の一月に山口県の宇部市を初めて訪れる機会があった。熊本県水俣市長、長野県飯田市長、岐阜県多治見市長、愛知県新城市長、同安城市長、奈良県斑鳩町長、鳥取県北栄町長、北海道ニセコ町長など環境問題に熱心な自治体の首長やNGOのメンバー、そして研究者などが毎年集う「環境首都創造フォーラム」が開催されたからだ。

大会は久保田后子宇部市長の進行のもと、「創エネ・省エネを活かしたまち・ひと・しごとづくり～パリ協定の実現に向けて～」を全体テーマに、①まちとしての創エネ・省エネのしくみ・しごと・地域内資金循環、②自らが関わる・創る「公共」交通、③住宅とエネルギー・健康・環境、自治体PPS（新電力会社）・地域公社・住民・まちづくり、の三つのテーマを巡り、各地域での具体的な実践を踏まえた議論が展開された。そして、「気候変動を軽減する政策と活動により、地域に新しい需要、雇用、イノベーションを生み出し、投資と地域内資金循環を創出する。地域の力を向上するため、持続可能で豊かな社会の基盤となる人材の養成を、さらに進めよう。」などの内容を含む「共同行動宣言」を採択した。

宇部市は、深刻な大気汚染に市を挙げて取り組んで成果を上げた歴史を持つ。今では「緑と花と彫刻のまち」として知られるが、かつては炭鉱の町として栄え、戦後にはセメント工業が盛んな工業都市として発展した。ところが大量に使用された低品位の石炭の燃焼によって大気汚染が著しくなり、一九五一年には降下ばいじんが最悪で、「世界一灰の降る街」と報じられるほど大気汚染が深刻になった。そこで導入されたのが、市民の生活と健康を守るため、産・官・学・民が一体となった「宇部方式」と呼ばれる独自の公害対策である。

宇部市では実に一九四九年から大気汚染の常時測定と疫学調査を開始し、五〇年には条例に基づく委員会を設け、行政（市）、企業、学識者、市民が一体となり、科学的データに基づき排出源対策、情報の公開、緑化プロジェクト、工場による自発的対策などを進めた。これが宇部方式と呼ばれるものである。

この方式が成果を収め、六〇年代の日本の高度経済成長期においても、宇部市は他の都市のような激甚な公害にみまわれることなく発展を遂げた。さらに「緑化運動」、「花いっぱい運動」、「宇部を彫刻で飾る運動」などの市民運動が展開され、今では街路樹は一〇万本を超えるまでに増え、野外彫刻が宇部市の自然とまちに溶け込んでいる。

「環境首都創造フォーラム」は、緑と水と彫刻に彩られたときわ公園のときわ湖水ホールで開催された。宇部市が公害対策の貴重な経験を活かして、脱炭素で持続可能な社会を作るという新たな課題に地域から果敢に挑戦することは、歴史の教訓を踏まえながら時代を先取りしていくことになると思われる。

22 燃やせない化石燃料は「座礁資産」：世界で広がる関連投資からの撤退　2017.1

気候変動に関するパリ協定が二〇一六年一一月四日に発効した。気候変動否定論者のドナルド・トランプ氏が米大統領に選ばれたものの、世界は確実に脱炭素（脱化石燃料）に向かっている。そのような中で「座礁資産」という考え方が広がっている。座礁資産とは利益を回収できない資産である。

パリ協定では世界全体の気温の上昇を産業革命前と比べ2度未満に抑え、さらに1・5度を目指し努力することが合意されている。そのために今世紀後半には温室効果ガスの人為的な排出と森林などの吸収源による除去との均衡を達成すること（ネット・ゼロ・エミッション）が目指されている。

座礁資産という考え方のきっかけとなったのは、英国のシンクタンク、カーボン・トラッカーの二〇一一年の「カーボンバブル」報告書である。これによると、世界の平均気温の上昇を産業革命前と比べて2度未満に抑えるためには、現在世界で保有されている化石燃料の八割は実は燃やせない、とされた。同様に、国際エネルギー機関（IEA）でも三分の二は燃やせないとの試算を行っている。

このため、世界の主要機関投資家の間で、石炭等の化石燃料は、二度目標達成のための規制強化により使用できなくなるリスクがある資産（すなわち「座礁資産」）と捉える見方が広がっている。そして投資決定に当たり、企業価値に影響を与えるリスクを評価し、回収不能となる可能性を持つ資産である化石燃料関連への投資の引き上げ（これを「ダイベストメント」という）をする動きが拡大している。二〇一五年末には化石燃料から投資撤退を決定した団体は世界で約五〇〇団体、総額約400兆円にのぼった。その後も例えば資産規模100兆円以上を有する世界最大規模の政府系ファンド「ノルウェー政府年金基金グローバル」は、議会の承認を経て石炭関連株式からの投資撤退方針を決定した。売却対象には日本の北海道電力、四国電力なども含まれている。

化石燃料資産を保有し続けることが、中長期的にもビジネスリスクの大きいものになっているとの認識が高まっているのである。

一方で、事業運営を100％再生可能エネルギーで賄うことを目指す世界の主要企業の連合体「RE100」が二〇一四年に結成された。これには二〇一六年一一月現在、イケア、ブルームバーグ、マイクロソフト、BMWなど八三社が参画している。欧米諸国に加えて中国やインドの企業も含まれる。

加盟各社は再生可能エネルギーの導入実績を毎年、CDP（カーボン・ディスクロージャー・プロジェクト）気候変動質問書を通してRE100に報告し、その結果を「RE一〇〇年次報告書」で公表する。RE100にコミットしているグーグルやフェイスブックは、この転換は「社会貢献ではなく採算を踏まえたものだ」としている。

トランプ氏の気候変動政策の如何にかかわらず、米国と世界の多くの著名企業は、進行する気候変動が企業活動や投資にとって深刻なリスクであることを認識し、すでに経済活動を大きく転換し始めている。

23 花粉を運ぶ生物の価値を初評価：年間 26兆～65兆円と推計 2016.5

ミツバチなどの昆虫が花粉を媒介して食料生産に役立っていることはよく知られているが、その経済的価値はどの程度なのか。

生物多様性および生態系サービスに関する政府間科学政策プラットフォーム（IPBES）第四回総会が、二月二二～二八日にマレーシアのクアラルンプールで開催された。IPBESとは、生物多様性と生態系サービスに関する動向を科学的に評価（アセスメント）し、科学と政策のつながりを強化する政府間組織であり、二〇一二年四月に設立された。その活動は、科学的評価、能力開発、知見生成、政策立案支援の四つの機能を柱とし、同じような活動を進める気候変動に関する政府間パネル（IPCC）の例から、生物多様性版のIPCCと呼ばれることもある。

今回の総会では、IPBES設立以来初のアセスメントレポート（評価報告書）である「ミツバチ等の花粉を運ぶ昆虫たちの価値、現状や傾向、食料生産に与える影響」が公表された。

それによると、花粉を運ぶ生物（ミツバチなどの昆虫類、鳥類、コウモリなど二万種以上）は、人間の食料供給に極めて重要な役割を果たし、その価値は年間２３５０億～５７７０億ドル（２６兆～６５兆円）に上ると推計している。食料作物の７５パーセントが、部分的なものも含め受粉に依存している。

こうした生物は食料だけではなく、バイオ燃料や繊維、飼料、生活・文化的必需品の供給にも寄与している。ところが、土地利用の変化、農薬、侵略性外来種、病気・害虫、気候変動などの人為的要因によって急激に減少しており、脊椎動物で１６・５パーセント、無脊椎動物（特にミツバチとチョウ）では４０パーセントが絶滅の危機に瀕している。

そうした現状を踏まえ、報告書では、花粉媒介動物を守るための方法を示している。具体的には、生息地の多様化、まだら状生息地や輪作を管理する伝統的農法の支援、花粉媒介者の農薬曝露の低減（農薬使用量の削減、代替害虫防除方法の導入、農薬飛散を減らす技術の使用）などが挙げられている。まとめに当たっては、約三〇〇〇の科学論文を引用したほか、世界の六〇カ所以上の先住民や地域の知識に基づく情報も集められた。

一方、二月四日には、日本でのハチなどによる授粉の経済価値（二〇一三年時点）は４７３１億円であり、七割が野生種に依存しているとの研究結果を農業環境技術研究所が発表した。これは日本の耕種農業産出額5兆7000億円の8・3㌫に相当する。野生種を含めた花粉媒介動物による経済的価値分析は日本で初めてである。

現在、IPBESの作業計画二〇一四―二〇一八に基づき、花粉媒介、侵略的外来種など、一八の成果物の完成を目指した作業が進められている。二〇一九年には地球規模の生物多様性および生態系サービスに関する総合的なアセスメントの公表が予定されている。科学的評価に基づく賢明な政策の立案が進み、生態系サービスの持続可能な保全と活用が進むことを期待したい。

24 限界費用ゼロからゼロ炭素社会へ：つながり経済が資本主義に代わる　2016.3

ジェレミー・リフキン氏の近著『限界費用ゼロ社会』が注目を集めている。リフキン氏は『エントロピーの法則』、『水素エコノミー』、『第三次産業革命』などで知られる著名なアメリカの文明評論家である。

彼によると、現在、モノのインターネット（IoT）を原動力とする経済パラダイムの大転換が進行しつつあるという。

IoTは、①経済活動をより効率的に管理するコミュニケーション・テクノロジー、②より効率的に経済活動に動力を提供する新しいエネルギー源、③経済活動をより効率的に動かす新しい輸送手段、から構成される。新しいエネルギー源は、大規模集中型の化石燃料や原子力ではなく、分散型の再生可能エネルギーである。

これらによって、効率性や生産性が極限まで高められると、モノやサービスを追加的に生み出すコスト（限界費用）は限りなくゼロに近づく。そして将来モノやサービスは無料になり、企業の利益は消失して資本主義は衰退を免れない、と大胆に予言する。

そして代わりに台頭してくるのが、共有型（シェアリング）経済（エコノミー）である。人々が協働でモノやサービスを生産し、共有し、管理する、協働型のコモンズ（共有資源）が広がる。これが二十一世紀中に到来する新しい社会の姿である。

リフキン氏は日本語版に寄せて日本とドイツを対比する章も書き下ろしている。その中では、日本では燃料電池車への移行では世界をリードし、スマートシティへの取り組みも進み、音楽や情報を共有し、住宅や衣類・傘などをシェアする限界費用ゼロの新たなビジネスも広がっていることを紹介している。

しかしリフキン氏は、ドイツが、二十世紀型の化石燃料と原子力から脱し、限界費用がほぼゼロで採取できる分散型の再生可能エネルギーへと迅速に移行しようとする一方、日本は、中央集中型でますますコストのかかる原子力と化石燃料のエネルギー体制に執着しているので、日本企業は国際舞台での競争力を失う一方だ、と断じているのである。

限界費用ゼロ社会でモノとサービスをシェアするつながり経済の到来は、環境や社会にとって何を意味するだろうか。日本全体が一つの家族のようにモノやサービスをシェアすることは資源の節約と有効利用になる。同時に、地域分散・ネットワーク型で、人々がそれぞれの能力を生かして協働して地域のエネルギー・資源を上手に生かす社会となれば新たな地域創生につながる。地域の自然資本から生み出される生態系サービスもコモンズとして持続可能な維持管理がされるだろう。このような社会に移行することによって、生活の質を落とさないで、モノやエネルギーの消費を減らすことが可能になるだろう。そうすると、採択されたパリ協定がめざす「ゼロ炭素社会」への道筋が開けてくることも期待されるのである。

25 ラオスの古都での植林活動：日本の支援から自立の段階へ 2016.1

ラオスは日本の本州よりやや大きな面積に人口約六六〇万人が住む、森林が豊かで農業や林業が盛んな内陸国だ。ちなみに世界に残されたわずか五つの社会主義国の一つでもある。

私が最近（二〇一五年一〇月）訪れたのは、ラオスの古都ルアンプラバン。二十年前から世界遺産に登録されていて、日本の京都のような美しい町だ。緑の山に囲まれたメコン川の流域に位置し、華麗な色彩の寺院がたくさん遺されている。ここには毎年欧米など世界中から大勢の観光客が訪れている。フランス料理の影響を受けた食事も繊細でなかなかおいしい。ところが、このラオスでも森林の減少が顕著だという。国際協力機構（JICA）の資料によると、一九四〇年代には70％であった森林率が、二〇〇二年には41・5％まで低下している。

これに危機意識を持ったのが地元の水道局である。水源地の森林が荒廃しており、このままでは十分な水が確保できない。そこで認定NPO法人の日本ハビタット協会が、環境再生保全機構の地球環境基金から支援を得て、二〇一二年に水道局と一緒に植林プロジェクトを開始した。

水源地は国有地であり、水道局が管理している。ここに地元の住民に植林をしてもらう。植林のための苗木の育成や樹種の選定は地元の農業大学や農業局の協力を得て、水道局とハビタット協会が行った。住民たちは急峻な山道を登って植林活動を行う。植林した土地には稲や、マンゴーやパパイヤなどの果樹を植えることができ、それは彼らの収入源になる。住民たちも毎年乾季に水が不足しがちであることを実感しているので、自発的に協力している。

このプロジェクトのユニークな点は、地元の中学校の協力を得て、中学生への環境教育と彼らによる苗木の養成と植林も実施していることだ。プロジェクトのリーダーとなっている水道局のサムサニットさんが中学に出張し、分かりやすい写真やスライドを使って、気候変動の影響や森林の大切さを講義している。中学校の先生たちも環境教育の意義を認識するようになり、独自の教材を開発している。子供たちの輝く目と生き生きとした反応が印象的だった。生徒たちは学校で学んだことを親にも伝える。環境をテーマとした絵画コンクールも実施され、優秀な作品は学校の掲示板に展示されている。モデル校で成功したことが、近隣の学校にも広げられている。

日本の民間団体と地球環境基金の支援で始まった植林プロジェクトは、今や自立して継続・拡大する段階を迎えている。ラオスのお国柄から水道局という国家機関の一部が関わっていることが強みであるし、住民にも植林による経済的なメリットが得られる。

もちろん経済のグローバル化や気候変動の影響は容赦ない。違法伐採も後を絶たないという。しかし、このような地元に根差した粘り強い取り組みが進められている現場を見るのは、暗闇に一条の光が差してくるような思いである。

26 ローマ法王が訴えた気候変動問題へのメッセージ　2015.9

ローマ法王の「環境と気候変動問題に関する回勅」（二〇一五年六月一八日発表）が注目を集めている。回勅とは法王による最も重要な文書の一つ。環境と気候変動問題をテーマとしたのは初めてだ。法王は、気候変動をはじめとする環境問題に関する最新の科学的研究を踏まえ、現在の生産・消費パターン、生活スタイルを「持続不可能」とし、それらの抜本的転換を訴えた。地球温暖化については、「今世紀にとてつもない気候変動と、生態系の未曾有の破壊が起き、深刻な結末を招きかねない」と警告し、化石燃料の過剰使用を戒め、国際社会（とりわけ先進国）に迅速な行動を求めた。

さらに法王は、「富裕国の大量消費で引き起こされた温暖化のしわ寄せを、気温上昇や干ばつに苦しむアフリカなどの貧困地域が受けている」とし、人間的・社会的側面を明確に含む「統合的なエコロジー」を提唱した。われわれの家である地球が上げている叫びに耳を傾け、皆の共通の家を保全し、責任を持ってその美しさを守るために「方向性を変えていく」よう、「環境的回心」を呼びかけている。

法王の回勅は大きなインパクトを持つ。世界のキリスト教徒は二〇億人、そのうちカトリックの信徒は一二億人で、アメリカでも八〇〇〇万人近い信徒がいる。カトリック教会は法王の回勅を広く普及させる活動を展開予定だ。他の宗教界にも大きなインパクトを与えるだろう。すでに、世界教会協議会（WCC）をはじめ多くの宗教団体が、回勅を歓迎する意向を発表した。

法王は九月のニューヨークでの国連総会と、ワシントンでの合衆国議会合同会議で演説し、この回勅の趣旨を訴える予定だ。本年一二月のパリでのCOP 21（気候変動枠組み条約第二一回締約国会議）の議論にも大きな影響を与えることは間違いない。

アメリカの国内政治への影響も予想される。英ガーディアン紙によると、二〇人近い共和党の大統領候補の中で、気候変動問題の重要性を認めているのはリンゼイ・グラハム上院議員（サウスカロライナ州）のみである。カトリック教徒であるジェブ・ブッシュ候補は、ローマ法王の回勅に対し「私は経済政策のアドバイスを司教からも枢機卿からも法王からも受けない」と述べて、その影響を否定している。

第4部　気候危機とSDGsに若者がとりくむことへの期待

二〇一九年一二月一四日、千葉大学において第一回「SDGs日本政策学生研究会」が開催された。この研究会は、持続可能な開発目標（SDGs）に関する学生・院生の政策研究発表会として、環境省、サステナビリティ日本フォーラム、サステイナブルキャンパス推進協議会の後援を受けて、千葉大学公共学会が主催したものである。研究会では、「SDGsに若者が取り組むことへの期待」と題して、筆者らによる基調講演が行われた。以下は筆者の講演内容の記録である。

今日は、「気候危機とSDGs：若き皆さんへのメッセージ」というテーマでお話をさせていただきます。

この講演では気候危機という言葉を使っています。現在は地球温暖化や気候変動よりもClimate Crisis（気候危機）あるいはClimate Emergency（気候緊急事態）、あるいはClimate Catastrophe（気候破局）などの言葉が世界的には使われるようになっています。オックスフォード英語辞典の今年の言葉はClimate Emergencyでした。

閉鎖性経済の認識から持続可能な発展へ

まず「閉鎖性経済の認識から持続可能な発展へ」というお話をします。宇宙から見た地球の写真（図1）は現在ではどこでもよく見られますが、このような写真が撮れるようになったのは一九六〇年代に入ってからです。一九六一年の四月一六日に当時のソビエト連邦のガガーリン少佐が人類初の宇宙飛行士として宇宙から地球を見た、その時の姿です。ガガーリンは「地球は青かった」と言ったと伝えられています（ただしこれには異論もあります）。たしかに青くて雲が多く、国境もなく、そして頼りない姿です。

このように人類が初めて人工衛星などによって宇宙から見た

【図1】宇宙から見た地球
出典：commons.wikimedia.org/Andrew Z.Colvin and NASA

地球の姿に触発されて、当時アメリカの経済学界の重鎮（アメリカ経済学会会長）であったケネス・ボールディングが一つの論文を書いています。題して「来るべき宇宙船地球号の経済学」です。彼は当時のアメリカを中心とした世界の経済活動を「カウボーイ経済」であると批判しました。カウボーイはアメリカ西部を次々と開拓していきました。その方法は、豊かな森を拓いて牧場を造って牧草地にして、牧草が枯渇すると次の場所に移る、これは略奪と自然資源の破壊に基づき消費の最大化を目指す経済であると彼は批判しました。そしてこれからは「宇宙飛行士経済」が必要であると主張しました。なぜならば「地球は一個の宇宙船である」「無限の蓄えなどはどこにもなくて、採掘するための場所も汚染するための場所もない。したがって、この経済の中で人間は循環する生態系やシステム内にいることを理解する」と言ったのです。この論文が発表されたのは一九六六年ですから今から五十三年も前のことです。もう五十年以上前からこのようなことを著名な経済学者が警告をしていたわけです。

彼は、「指数関数的な経済成長を信じているのは、狂人かエコノミストのどちらかだ」とも言っています。指数関数的な成長というのは複利による成長です。例えば毎年１０％経済が成長すると七年経つと経済規模が二倍になります。日本も高度経済成長時代には年１０％以上成長しましたし、中国はつい最近まで１０％、現在では６～７％の成長です。１０％が七年続くと二倍に、７％だと十年で二倍、3・5％でも二十年で二倍になります。経済の活動が倍々になり、資源やエネルギーの消費もそれに比例して増えると仮定すれば、地球がいくつあっても足りないということはすぐにわかることです。

無限の経済成長という神話から「持続可能な発展」へ

しかしながらこのような警告が出されているにもかかわらず、現在でも依然として「無限の経済成長」という一種の神話が続いています。その前提は経済が量的にも無限に拡大できるということです。現代社会には医療、福祉、介護、教育、格差など様々な問題があります。それらの問題は、経済が成長して初めて解決できる。すなわち経済成長によっていろいろな問題を解決できるという神話があります。その結果、現在の世界のほとんどの国で、政府のパフォーマンスがよいかどうかの評価は経済成長の多寡により評価されています。しかしその前提が現在は崩れつつあるのです。本来私たちが目指すべきは、社会的な限界や経済の限界、環境の限界などの制約の中で、どのようにして人々の生活の質を向上し、人々の厚生を持続的に改善していけるかが課題なのです。

このような問題意識から定義されたのが、「持続可能な発展」という概念です。そしてみなさんよくご存じの持続可能な社会やSustainabilityの考え方です。最もよく知られているレポートは、一九八七年に国連の「環境と開発に関する世界委員会」(通称ブルントラント委員会)が出した、「Our Common Future」(「われら共通の未来」)という報告書です。この報告書の「Sustainable Development とは将来の世代のニーズを満たす能力を損なわないような形で現在の世代のニーズを満たす発展である」という定義はよく引用されています。現在世代と将来世代の世代間の公平性を確保しようという内容です。

実は、ブルントラント報告書にはもうひとつ定義があります。それは、「資源の開発、投資の方向、技術開発の傾向、制度的な変革が、現在及び将来のニーズと調和の取れたものとなることを保証する

【図2】ブルントラントさん（元ノルウェー首相）と筆者（左）
写真提供：筆者

変化の過程」という定義です。これは、私たちが望ましいと考える将来のビジョンを描き、そのビジョンの実現に向けて、現在どのような資源の開発をするか、どのような技術を開発するか、どのように制度を変えていくか、そのような連続的で不断の変革のプロセス、ダイナミックな発展のプロセス（過程）を持続可能な発展であるというふうに定義していると言えると思います。

ブルントラントさん（図2中央）はノルウェーの首相をされた方で、元々はお医者さんでした。お医者さんから政治家になり、最初に大臣になったのが環境大臣で、その後首相になり、当時の国連事務総長から「環境と開発に関する世界委員会」の委員長を依頼されました。一九八四年に発足した委員会は世界の二一名の賢人、世界的オピニオン・リーダーから構成され、三年間の熟議を経て八七年に報告書を出したのです。この報告書の持続可能な発展が一九九二年のブラジルのリオデジャネイロで開催された地球サミットの中心概念となりました。ブルントラントさんはその後

【図3】Our Common Future
出典：Oxford University Press

Love is like a ghost. Everybody talks about it, but nobody has ever seen it.
(by a French poet)

「持続可能な発展は幽霊のようなもの？ 誰もが語るが誰も見た人はいない。」
どうすれば実現できるのか？

WHO（世界保健機関）の事務局長もされて、AIDSの撲滅やタバコの消費抑制などの活躍をされています。

次の写真（図3）が、オックスフォード大学から出版されているOur Common Future（邦訳「地球の未来を守るために」）という報告書です。この本で先ほど紹介した定義がされました。しかしそれだけでは具体性が足りずよくわからない。したがって持続可能な発展というのは場合によっては幽霊のようなものでないか。みんなが持続可能な発展と言っているけれども、それを現実的・具体的に見た人はいないのではないかという議論もされたわけです。こうした観点からは、私たちに求められているのは、持続可能な発展ということを、実際の政策や事業の中で具体化していくこと、公共政策や各種の事業の実施に当たって、適用できる操作可能な形にすることです。

「持続可能な開発目標」（SDGs）とは

そのなかの重要な取り組みの成果が二〇一五年に国連総会で採択された「持続可能な開発目標」（SDGs）です。これは一七の目標、一六九のターゲットと多数の指標から構成されています。SDGs は持続可能な発展を実際に使える形にする有効な手段であると理解できると思います。

持続可能な発展についてはいろいろな定義があり、議論がありました。その中で環境面の持続性について今でもよく引用される考え方が、アメリカの経済学者ハーマン・デイリーのものです。現在でもハーマン・デイリーの原則がよく使われて、現実にドイツの国家持続可能発展戦略にそのまま引用されています。その内容は割合シンプルでわかりやすいものです。資源は二つに分けることができます。ひとつは再生可能な資源、もうひとつは再生できない資源です。森林や土壌、あるいは魚介類などは再生可能資源ですが、そういった資源は再生できる範囲で利用しよう。化石燃料や鉱石、地下深くに堆積されている化石水は一度使ってしまうともう使えないので、枯渇性であり再生不可能な資源。再生不可能な資源については、それに代わる代替資源が開発されるスピードの範囲内で使うのが原則です。たとえば石炭や天然ガスを使って燃やして電気を作っているとすれば、それはできるだけ早くそれに代わる風力、太陽光、バイオマスなどの電源に取り替えようということを言っています。汚染物質については、環境が自浄できる範囲内でのみ使いましょうということを言っています。伝統的な経済学では効率的な資源配分や公正な所得配分ということを政策目標としていますが、ハーマン・デイリーはそれらに加えて最適な経済規模があるのではないかということを問題提起したということでも知られています。

経済の「定常状態」は停滞した社会?

経済の成長、とりわけその物理的・量的拡大には限界があるとすれば、どういう状態が必要でしょうか。そこで経済の定常状態を提唱する学者が古くからいました。定常状態というと、物事が停止している陰鬱な社会が想像されますが、そうではなく、世代が交代し資本も順次新しく替わっていき、その中で次々と豊かな新しい文化やイノベーションがおこってくるという状態です。たしかに人口や資本量や生産量は一定であるけれども、次々と世代交代が起こって、より質の高い新たな発展が続く社会になっていく。これは古典派の経済学者として有名なJ・S・ミルという人が、『経済学原理』の中で書いていることで、彼は定常状態を生活の質にも配慮した安定した社会というふうに積極的に評価しています。定常状態でも精神的文化は高度化し、道徳的な進歩も、生活技術の改善も進むことができるのです。

江戸時代のことを振り返ってみると、江戸時代の人口はほぼ横ばい、ほとんど化石燃料を使わない社会でした。その中で歌舞伎や浮世絵をはじめ、いろいろな優れた文化が発展しました。社会的な自由度や近代的な意味での人権がどの程度確保されていたかどうかは別として、資源循環的に定常的な社会のひとつのモデルとして考えることもできるようです。

定常状態の社会では、ひとびとはあくなき富の増大を求めるということから解放され、生産性の向上の成果を労働時間の節約にあて、より人間的な活動に向けることができます。そのような時代が来ることをミルは提唱していました。

現在は格段に技術も進歩し、情報システムも進んでいます。したがってより少ない資源とエネルギーの投入でより高い生活満足度を達成できます。本来であればより少ない労働時間で十分な生活レベルが充足されるはずです。後年ケインズもそのような趣旨のことを述べています。

人間の心を考える宇沢先生の経済学

ここでひとりの日本の経済学者、宇沢弘文先生を紹介します。宇沢先生は若くしてアメリカに渡り、三〇代でシカゴ大学の教授になった世界的な経済学者です。一九六八年に日本に帰ってきました。アメリカから見ていた日本は、高度経済成長を達成し素晴らしい社会になっていると思って帰ってきたところ、四日市や水俣をはじめとする深刻な産業公害がおこっており、また一歩道路に出ると、歩道のない危険な道を子供たちが大変な思いをしながら渡っている。このような日本の現状と環境の破壊に心を痛められ、そこから自分のよって立ってきた経済学の根本を考え直す作業をはじめ、社会共通資本という考え方を構想しました。その概念に基づき先生が最初に出した本が『自動車の社会的費用』で、これは日本社会に大きなインパクトを与えることになりました。

宇沢先生が考えておられたのは、経済学と人間の心を考えようというものです。現在の近代経済学は、個々の人間が自分の経済的な利益を最大化するという意味で合理的に活動するという前提を置いています。宇沢先生はそうではないだろうと考えたわけです。本来目指すべきはひとりひとりが人間的な尊厳を守られ、魂の自立がはかられ、そして市民としての基本的人権が最大限確保されるような安定的な社会を具現化することであろうと考え、五年程前に亡くなられるまで弛まずそれを具現化する学問的活動と社会的な活動を続けられました。水俣をはじめ多くの公害の現場にも行かれました。

宇沢先生が提唱された社会的共通資本という考え方は、山や森や海などの自然環境、社会的インフラとして道路や交通機関や水道など、社会制度としての医療や学校や金融や司法などから構成され、これらは、ひとつの地域や特定の国が安定した生活を豊かに営んで優れた文化を展開する、人間的に魅力ある社会を持続的に維持することをできる基盤となっています。このような社会的共通資本は市場の原理、すなわち利潤原理で運営管理するのではなく、社会全体の共通財産として社会的基準に従って、専門的職業的良心に基づき管理され運営されるべきものであるというのが、宇沢先生が提唱した考え方です。

これを現代的な観点から見てみます。経済成長を測定する指標としてはGDP（国民総生産）となります。それは国内そして海外も含めた物やサービスの移動、すなわち経済的に評価される物やサービスがどれだけ動いたか、どれだけ売買されたか、すなわちフローで示される市場価値の総計です。社会的共通資本は、このようなフローではなく環境を自然のストックとしてとらえて、きれいな山や海や川、あるいは学校や司法制度などがきちんと維持されることが重要な要素になります。人と人との関係や豊かなコミュニティ、人と人が助け合う、互助とか公助という形の社会的関係資本を重視します。例えば災害が起こった時にみんなで助け合うとかボランティアに行くとか、そういうことができている社会はより持続可能で、安定的であるということも言えます。では、誰がそのような社会的共通資本を維持するか。そこでガバナンスの問題が出てきます。伝統的には中央政府や地方自治体がトップダウン的に社会的共通資本を管理することが中心でしたが、現在はそれに加えて社会を構成する企業や財団、NPOなどの団体が協働・協力して新しい公共を創出するべきだということが言われています。その中で政府の重要な役割は持続可能な発展に向けた社会・経済的ルールを設定することです。

気候危機と脱化石燃料文明に向けて

次に気候危機のお話しをします。現在(二〇一九年一二月)、マドリッドで気候変動枠組条約第二五回締約国会議(COP25)が開かれています。現地時間でいうと昨日が最終日ですが、まだ終わっていないのではないかと思います。こちら(図4)が話題になっているグレタ・トゥーンベリさんです。彼女はTIMEの今年の顔になっていますが、右に書き込んだのは今年の九月にニューヨークで開かれた気候サミットでの演説を抜粋

私たちの家(地球)が火事だ!

https://www.youtube.com/watch?v=KAJsdgTPJpU

グレタ・トゥーンベリ16歳のスウェーデンの環境活動家(国連気候サミットでの訴え)2019.9

あなた方は私たちの未来を奪っています。もし私たち若者を裏切るなら、「私たちはあなた方を絶対に許しません」。

たくさんの人が苦しみ、死にかかっています。生命系全体も崩壊しつつあります。あなた方はお金のことや経済成長が永遠に続くかのようなおとぎ話しかしていません。

もう30年以上も、科学は明確に(危機を)伝えてきました。あなた方はそれを顧みようとせず。必要な解決策はまだ見えていないのに、自分たちはもう十分対応しているなどと言うのは、なんと無神経なのでしょう。

【図4】出典:Time誌。演説翻訳は環境文明研究所

したものです。彼女は一六歳のスウェーデンの環境活動家です。以下は彼女が世界のリーダー達に向かって演説したことです。

「あなた方は私たちの未来を奪っています」。「もし私たち若者を裏切るのならば、私たちはあなた方を絶対に許しません。沢山の人が苦しみ、死にかかっています。生態系全体も崩壊しつつあります。あなた方はお金のことや経済成長が永遠に続くかのようなおとぎ話しかしていません。もう三十年以上も、科学は明確に（危機を）伝えてきました。あなた方はそれを顧みようとせず、必要な解決策は未だ見えてこないのに、自分たちはもう十分対応しているなどと言うとは、なんと無神経なのでしょう」。

一方、パリ協定とSDGsが二〇一五年に採択されたことは世界的に新たなパラダイム転換を意味します。すなわち脱炭素社会と新たな持続可能な発展に向けて大きく考え方を転換しなければいけなくなったのです。パリ協定は長期目標として産業革命前からの平均気温の上昇を2℃より十分下方に保持すること、そしてできるだけ1.5℃以内に抑える努力をするという目標を掲げています。気候変動に関する政府間パネル（IPCC）の新しいレポート（二〇一八年）によれば、1.5℃と2℃の上昇では、その与える影響に大きな差があるので、世界は1.5℃を目指すべきだという考え方が主流になっています。

これまで既に1℃上がっています。では、どうすればよいか。2℃以下に抑えるためには、今世紀後半に温室効果ガスの人為的な排出と吸収のバランスを達成するネットゼロを達成する必要があり、1.5℃を達成しようとすると二〇五〇年には温室効果ガスの排出量の収支を正味ゼロにすることが必要です。これは二〇二〇年から毎年世界全体で温室効果ガスの排出量を7・6％下げていくことを意味します。非常に大変なことです。パリ協定は、化石燃料文明に依存しない文明への転換、すなわち脱化石燃料文明を目指しているということになります。

ここで、二人の著名な人物の言葉を紹介します。最初の人物は、サウジアラビアの元石油大臣のアハマド・ザキ・ヤマニさんです。一九七〇年代にはOPEC（石油輸出国機構）が石油禁輸をしました。石油価格が高騰しオイルショックが世界中で起こり、世界経済が混乱に陥りました。そのときのOPECの理論的指導者がヤマニ元石油大臣でした。

ヤマニ氏は後年次のような警告を発しています。「石器時代が終わったのは石がなくなったからではない、同様に石油時代は石油が枯渇するずっと前に終わるだろう」。石油はまだあります。しかし全部は燃やせない。いずれ石油時代の終わりがきます。実は私は二〇一九年九月にサウジアラビアの首都のリヤドに行きました。リヤドにアブドラ国王石油調査研究センターという大きな研究所があり、そこで開催された会議に参加してきました。サウジアラビアはすでに石油時代の先を見通して、再生可能エネルギーや海水の淡水化などの新しい技術を開発することに力を入れています。日本に石油を売った収入で石油に代わる再生可能エネルギーを開発しているともいえます。

二人目の人物はバン・キモン国連前事務総長です。「われわれは気候変動の深刻な影響を受ける最初の世代である。そしてそれに対処できる最後の世代でもある」と言っています。ですから私たちが気候変動に対し、適切な対処をしないと、次の世代の豊かな生活はないと言っているわけです。とはいえ、化石燃料に依存する文明は簡単になくせないだろう。私たちは生まれたときから石油に依存し、石炭を使ってきたと思うかもしれません。しかし人類の長い歴史を振り返ると、化石燃料に依存した文明というのはたかだか二〇〇～三〇〇年です。それまではずっと人力や蓄力とかバイオマスです。現在の科学が私たちに伝えていることは、いずれにせよ化石燃料を使うことは止めなくてはいけないということであり、今後どのようなエネルギーを使うかということが問われています。持続可能なエネルギーシステムへの迅速な転換が求められているのです。

脱炭素経済に向けた世界の取り組み

化石燃料依存をやめる必要性を表す言葉が、座礁資本(stranded asset)です。座礁資本とは、投資した資金を回収できない資本です。科学的な計算に基づくと、パリ目標の2℃を達成しようとすると、達成するために許される化石燃料のCO_2排出量は1052Gt(Gtは10億トン)となります。現在確認されている石油・ガス・石炭を全て燃焼すると、ほぼ4000Gt

【図5】座礁資本

のCO_2が排出されます（図5）。

したがって埋蔵量の四分の一しか燃やせないことになります。石油・石炭会社は石油や石炭を沢山資産として持っているつもりでも、実は気候変動を考慮すると燃やすことができない。二割か三割燃やしてしまうと、1.5℃から2℃上がってしまいます。ですから、石油・ガス・石炭は、別の形で利用することを考えなければいけないということになります。

それを受けて、実はいろいろな動きが起こっています。脱炭素経済に向けガソリン車やディーゼル車の販売をフランスやドイツ、イギリスでは禁止する方向です。中国でもそのような動きがあります。

再生可能エネルギーは爆発的に普及し、価格も低下しています。RE100（再生可能エネルギー100％）という国際的な組織があります。これは事業運営を100％再生可能エネルギーで賄うことを目指すことを宣言した企業の連合です。日本でもRE100に加わる企業もだいぶ増え、世界でも二番目（30社以上）となっています。さらにSBTイニシアティブ（科学的根拠に基づくCO_2削減目標の設定をする企業）も広がっています。これらの動きは非常に心強いことです。

一方で世界的には石炭排除同盟が結成され、石炭をできるだけ早くフェーズアウトしようという動きが広がっています。

日本の取り組みはどうでしょうか。残念ながら現在開かれているマドリッドCOP25では、温暖化対策に後ろ向きだった国に対して世界のNGOから与えられる賞である化石賞を二回取っています。小泉環境大臣が演説されていますが、あまりにも具体的な取り組みの中身がないということから、Climate Action Network という世界の NGO 連合は、日本に対し、"How dare you, Japan!"（日本はよくもそんなことが言えますね）と評しています。日本の演説には大変がっかりした、石炭からの撤退に対してなんら具体的にコミットしていないし、日本の目標も引き上げの意向が見えないということで、日本は何を考えているのかというのが世界の大方の評価です。

現実に日本は石炭火力を国内・国外で推進し、原子力は再稼動を進めています。炭素税は、非常に低い税率で、温室効果ガス削減にはあまり効果をあげていない。再生可能エネルギーもその普及にはいろいろな制度的な制約があり、十分には進んでいない。最近策定されたパリ協定に基づく地球温暖化対策戦略の中には、非連続的イノベーションの重要性が何回も書かれている。その内容は例えば、二酸化炭素回収貯留（CCS）や二酸化炭素回収利用貯留（CCUS）、あるいは次世代原子力など、まだ技術的にも商業的にもあるいは環境的にも不確実性の多いイノベーションに期待して、すぐにやるべき対策を先送りすることになっています。一方、EU ではグリーンニューディールを二〇一九年末に採択しています。アメリカの民主党大統領候補たちもグリーンニューディールを提唱しています。このように環境を軸とした新しい公共投資と公共政策を作るべき時が来ています。日本版グリーンニューディールが求められるところです。

若い人達の知恵と行動に期待

まさに時代は気候危機と SDGs の時代です。脱炭素経済に向けた動きが始まってはいますが、残された時間は非常に僅かです。時間との戦いです。私が地球環境問題に関わりだしたのは今から三十年以上前になります。その頃温暖化は遠い先にどこかよその世界で起こることだという認識が一般的でした。ところが日本では去年、一昨年、今年を見ても、世界でも気候変動による影響が最も著しい国として分類されています。しかしながら気候危機に関する日本の国民の意識は依然として非常に低く、世界の潮流に逆行しています。残念ながら日本の常識は世界の非常識になっています。

「わが亡き後に洪水よ来たれ」という言葉をご存知でしょうか。元々はフランスのルイ十五世の愛人であったポンパドゥール公爵婦人が言った言葉です。ルイ十五世が反乱軍に負けてしょげていた時に、この言葉を言って慰めたそうです。この言葉にはいろいろな解釈がありますが、後は野となれ山となれという解釈もあります。実はこの言葉をマルクスは『資本論』で引用しています。「わが亡き後に洪水よ来たれ」。これは資本家のスローガンであるとマルクスの『資本論』では論じています。すなわち社会の強制がなければ、資本家は労働者の健康や寿命に対する配慮は一切しないということです。これを現代風に翻訳してみると、資本はいわば「今だけ」、「自分だけ」、「お金だけ」という短期的利益を求めて極大化する行動をとるものである。社会の強制やルールがなければ、地球環境の持続性には配慮しないということをマルクスが予見していたと解釈できるわけです。

現在の社会は、新自由主義的経済の考えに基づき、企業が国際的にも国内的にも活動しやすい仕組みを作っています。その結果、地域の自然環境に依存し、コミュニティをベースに活動している人たちの生活が脅かされているという状況が起こっています。大変困難な時代です。では希望はどこにあるか。

グレタさんも言っていますが具体的に行動を起こし、現場で新しい知恵を出して、様々な分野におけるイノベーションを興し、それを政策として社会を変えていく。とりわけ若い人たちが知恵を出していくということに期待したいと思います。

私は一九九〇年八月にスウェーデン・スンツバルで開かれたIPCC第四回会合に出席しました。この会合ではIPCC第一次報告書が採択されました。そして一九九二年六月のブラジルのリオデジャネイロで開催された地球サミットにも国連事務局の立場で参加しました。さらには一九九五年四月に第一回気候変動枠組条約会議(COP1)がベルリンで開かれましたがこの会議にも日本政府代表団の一員として出席しました。COP1の議長は現在ドイツの首相をしているメルケルさんでした。

このようにこれまで多くの国際会議に関わり、困難な国際交渉の末にやっと条約や議定書が採択されてきました。そのたびにこれで地球環境保全と持続可能な発展が大きく前進するものと期待してきました。しかしながら現実はなかなか変わらず、地球環境の状況はむしろ一層悪化し、急をつげるようになってきています。時間は限られていますが、進むべき方向は明らかです。現在ある技術や対策で対処できることがたくさんあります。

是非若きみなさんの力で流れを変え、政治的なモーメンタムをも高めていくことを大いに期待しています。ご清聴ありがとうございました。

♻気候危機からネットゼロ社会への移行を考えるための基本文献20選

イェニケ、マーティン他 (1998)『成功した環境政策』有斐閣

宇沢弘文 (1974)『自動車の社会的費用』岩波新書

宇沢弘文 (2000)『社会的共通資本』岩波新書

環境と開発に関する世界委員会 (1987)『地球の未来を守るために』(Our Common Future) ベネッセコーポレーション

斎藤幸平 (2020)『人新世の「資本論」』集英社新書

佐々木実 (2019)『資本主義と戦った男』講談社

スティグリッツ、ジョセフ (2020)『プログレッシブ・キャピタリズム』東洋経済新報社

ダイアモンド、ジャレド (2000)『銃・病原菌・鉄』草思社

ダイアモンド、ジャレド (2005)『文明の崩壊』草思社

ダスグプタ、パーサ (2007)『サスティナビリティの経済学』岩波書店

デーリー、ハーマン (2005)『持続可能な発展の経済学』みすず書房

同盟／ドイツ緑の党 (2007)『未来は緑』緑風出版

ノードハウス、ウイリアム (2015)『気候カジノ』日経 BP 社

広井良典 (2009)『グローバル定常社会』岩波書店

ホーケン、ポール (2001)『自然資本の経済』日本経済新聞社

諸富徹 (2020)『資本主義の新しい形』岩波書店

ラワース、ケイト (2018)『ドーナツ経済が地球を救う』河出書房新社

リフキン、ジェレミー (2015)『限界費用ゼロ社会』NHK 出版

リフキン、ジェレミー (2020)『グローバル・グリーン・ニューディール』NHK 出版

Stern, Nicholas (2006) *The Economics of Climate Change: The Stern Review* (Cambridge University Press)

あとがき

令和二年はコロナ禍に明けコロナ禍に暮れた。一方で気候危機による被害は確実に顕在化している。気候危機とコロナ禍という人類の生存に関わる課題にどう取り組むか。本書はそのような議論にいささかなりとも貢献するべく発刊するものだ。

第一部はコロナ禍からの経済復興を気候危機への克服やSDGs（持続可能な開発目標）の達成にも寄与する緑の復興（グリーンリカバリー）にすべきことを論じている。

国連事務総長からは「石炭中毒」と揶揄され、国際的動向からは周回遅れとなっていた日本の気候危機への取り組みは、首相の「二〇五〇年ネットゼロ宣言」でやっと取り組みの土俵に上がれたところである。

現状の政策の延長上には二〇五〇年ネットゼロは見えてこない。二〇三〇年目標の引き上げ、石炭・原子力からの撤退、再生可能エネルギーの大幅拡大、カーボンプライシング（本格的炭素税など）の導入などをはじめ、課題は山積している。

脱炭素で持続可能な社会への速やかな移行が日本と世界の目指すべき方向であり、この移行には、経済、社会、技術、制度、ライフスタイルを含む社会システム全体の転換が必要だ。そしてそれは、科学的な知見に基づき民主主義的でオープンなプロセスを経て着実に進められなければならないのである。

第二部は脱炭素で持続可能な社会へ移行のための新たな環境政策を国際的動向や議論の分析も踏まえて論じている。

パリ協定とSDGsとが示す新たな社会のビジョンはどのようなものだろうか。それは基本的人権に基づく社会的基盤の向上を図りながら、地球システムの境界の中で、貧困に終止符を打ち、自然資源の利用を持続可能な範囲に留め、環境的に安全で、地球上のすべての人々が例外なくその幸福（well being）の持続可能な向上が図られる社会と定義できるだろう。

その前提として、自然環境・社会的インフラ・制度資本から構成される社会的共通資本が適正に維持されねばならないし、そのための新たなガバナンスや政策が求められるのである。

第三部は筆者が日本や世界の各地を巡り、そこで出会った人々や環境にかかわる思いを綴ったものである。環境にかかわる課題はグローバルであるとともに極めて地域的であり、場所の意思につながっている。素晴らしい人々や場所との出会いが克明に想起される。

第四部は「気候危機とSDGsに若者がとりくむことへの期待」と題したメッセージである。私たちの世代は次の世代によりよい未来を遺すことができるであろうか。改めて自問しながら筆をおくこととする。

松下和夫（まつした かずお）

1948年生まれ。京都大学名誉教授、(公財)地球環境戦略研究機関(IGES)シニアフェロー、国際アジア共同体学会理事長、日本GNH学会会長。東京大学卒業後環境庁（現環境省）に入庁。米国ジョンズホプキンス大学大学院修了。環境省、OECD環境局、国連地球サミット上級環境計画官、京都大学大学院地球環境学堂教授（地球環境政策論）など歴任。専門は環境政策論、持続可能な発展論、環境ガバナンス論など。地球環境政策立案とその研究に先駆的に関与し、気候変動政策、SDGsなどに関し積極的提言。「気候変動に関するパリ協定は人間活動による温室効果ガスの排出量を実質的にゼロにする目標であり、脱化石燃料文明への経済・社会の抜本的転換が必要である。今日の私たちは、地球社会と環境の持続可能性という制約の中で、人々の厚生の持続可能な維持と発展を図るという『持続可能な発展』の本来の意味を改めてかみしめ、持続可能な社会への移行への現実的な政策設計とその実行が求められている」と訴える。主要著書に、『地球環境学への旅』(EHESC出版局2011)、『環境政策学のすすめ』(丸善、2007)『環境学入門12:環境ガバナンス』(岩波書店、2002)『環境政治入門』(平凡社新書、2000)、編著『環境ガバナンス論』(京都大学学術出版会、2007）訳書、ロバート・ワトソン編『環境と開発への提言：知と活動の連携に向けて』(東京大学出版会、2015）など。など。

ホームページ：http://48peacepine.wixsite.com/matsushitakazuo

知の新書 003

松下和夫

気候危機とコロナ禍

緑の復興から脱炭素社会へ —21世紀の新環境政策論

発行日　2021年2月28日　初版一刷発行

発行所　㈱文化科学高等研究院出版局

東京都港区高輪4-10-31　品川PR-530号

郵便番号　108-0074

TEL 03-3580-7784　FAX 03-5730-6084

ホームページ　ehescbook.com

印刷・製本　中央精版印刷

ISBN　978-4-910131-07-8

C1230